Einhard Bezzel

Vögel

Empfohlen vom Landes-
bund für Vogelschutz

LBV

Dr. Einhard Bezzel

Vögel

Treffsicher bestimmen mit dem 3er-Check

blv

Inhalt

Vögel beobachten – ein besonderes Erlebnis

Erstaunlich viele Menschen beobachten Vögel in ihrer Freizeit und es scheint ganz so, als würden immer mehr Zeitgenossen Freude, aber vielleicht auch Aufgaben in dieser Beschäftigung finden. Fast überall in Mitteleuropa gibt es lokale und regionale Organisationen, die sich mit der Beobachtung, aber auch dem Schutz von Vögeln beschäftigen. Viele Fachzeitschriften berichten über Neuigkeiten in der Vogelkunde. Kaum eine Tiergruppe ist auch wissenschaftlich so gut erforscht wie die Klasse der Vögel. Vieles, was wir über das Leben, über Natur und unsere eigene Umwelt wissen, wurde mit Hilfe der Vögel entdeckt und bekannt.

Vogelbeobachtung stand auch am Anfang der modernen Naturschutzbewegung. Der heutige Naturschutzbund Deutschland ist aus dem Deutschen Bund für Vogelschutz hervorgegangen und Ende des 20. Jahrhunderts feierten manche vogelkundlichen Gesellschaften bereits ihr hundertjähriges Bestehen; die Deutsche Ornithologen-Gesellschaft wurde im Jahr 2000 sogar schon 150 Jahre alt. Längst gibt es auch internationale Verbindungen für Vogelkunde und Vogelschutz. BirdLife International ist z.B. eine der die Welt umspannenden Organisationen des Vogelschutzes, die sich auf wissenschaftlicher Grundlage mit einem gut organisierten Netz den globalen Fragen der Erhaltung biologischer Vielfalt annimmt. Die Europäische Vogelschutzrichtlinie ist ein politischer Meilenstein als rechtliche Grundlagen des Naturschutzes in Europa. Im Internet werden Beobachtungen und Tipps ausgetauscht und viele aktuelle Informationen über Vögel aus fast allen Teilen der Welt angeboten.

Die Begeisterung für das Beobachten der Vögel und die Bedeutung der wissenschaftlichen Vogelkunde (Ornithologie) hängen wohl zunächst damit zusammen, dass keine andere Tiergruppe sich in ihrer Vielfalt so gut beobachten lässt und ein ähnlich auffälliges Symbol für die belebte Natur geworden ist wie die Vögel. So gut wie in allen Lebensräumen der Erde leben Vögel, viele auch noch dort, wo sich Menschen breit gemacht haben. Bereits vor der Haustüre begegnet man im Lauf eines Jahres einer erstaunlichen Vielfalt an Vogelarten. Vögel nehmen den Menschen nicht nur durch ihr Aussehen und Verhalten für sich ein – die meisten wirken ausgesprochen »sympathisch« –, sondern bieten auch etwas für das Ohr. Vögel spielen daher eine große Rolle beim Erleben der Natur. Und im Schicksal der Vögel spiegelt sich auch immer das unserer Umwelt wider. Der Buchtitel »Der stumme Frühling« wurde in den 60er-Jahren zum Schlagwort, das auf die schleichende Vergiftung aufmerksam machte. Vögel waren es, die uns eine gewaltige Gefahr rechtzeitig erkennen ließen.

Vögel beobachten heißt aber auch, zu versuchen, hinter kleine Geheimnisse zu kommen und oft nur flüchtige Eindrücke zu einem kompletten Bild zusammenzusetzen. Kleine Schwierigkeiten machen das Beobachten von Vögeln und die richtige Bestimmung der Arten oft zu einem regelrechten Erfolgserlebnis. Man kann bei einem Spaziergang nie sicher sein, was man alles entdeckt und nicht immer hat man das Glück, einen möglicherweise interessanten Vogel ausreichend gut zu sehen, um ihn sicher bestimmen zu können. So wird das Beobachten der Vögel zum höchst persönlichen kleinen Abenteuer im Alltag. Wenn man sich in eine den meisten Menschen doch recht fremde Welt etwas eingesehen und eingehört hat, spürt man erst, wie viel verborgen bleibt, wenn man nicht richtig zu schauen und hören gelernt hat. Detektivischer Spürsinn spielt beim Beobachten von Vögeln eine Rolle, die Vorfreude auf mögliche neue Entdeckungen und auch die Spannung, ob es gelingt diese oder jene Art zu entdecken, geben vielen begeisterten Beobachtern immer wieder den Antrieb, mit dem Fernglas hinaus zu gehen oder auch weite Reisen der Vögel wegen zu unternehmen.

So gut wie alle Vogelbeobachter sind Amateure, Menschen die Freude am Erlebnis der Vogelbeobachtung haben, aber auch Entdecker und Forscher aus Leidenschaft. Viele geben sich mit persönlichen Eindrücken und interessanten Erlebnissen zufrieden. Andere haben den Ehrgeiz, möglichst viele Vogelarten der Erde in freier Natur gesehen zu haben und führen eifrig Listen und Tagebücher ihrer Beobachtungen. Wieder andere wollen wissen, welche Vogelarten in ihrer Gegend vorkommen. Vogelbeobachten allein hat also mit Wissenschaft noch nichts zu tun und ist schon gar keine Geheimwissenschaft, die nur wenigen besonders ausgebildeten und klugen Menschen offen steht. Für viele ist es nicht mehr und nicht weniger als eine begeisternde Freizeitaktivität, in der man immer neue Erfahrungen machen und auch Ausgleich zum Alltagsstress finden kann. Ein gewisses Jagd- und Entdeckungsfieber spielt dabei sicher oft eine Rolle.

Die wissenschaftliche Vogelforschung ist auf wenige Institute oder Dienststellen beschränkt. Darüber hinaus haben sich aber aus den vielen Vogelbeobachtern Arbeitsgruppen gebildet, die gemeinsam aktuelle Probleme bearbeiten, z.T. auch in Zusammenarbeit mit wissenschaftlichen Einrichtungen. Ohne die Mitarbeit Tausender von begeisterten Vogelbeobachtern und Amateurornithologen hätte man nicht annähernd die Kenntnisse von Vorkommen, Verbreitung, Bestandsgröße oder Wanderungen der Vogelarten. Für manche Bundesländer gibt es z.B. umfassende aktuelle Atlaswerke, in denen die Verbreitung der Brutvögel detailliert auf Karten dargestellt ist. An solchen Grundlagenwerken arbeiten jeweils Hunderte von Vogelbeobachtern in strikt ausgearbeiteten Programmen zusammen. Riesige Datenmengen über Zahl und Verbreitung von Vögeln werden erarbeitet, die man nur noch mit dem Computer bewältigen und auswerten kann.

So bieten auch für den wissenschaftlich interessierten Freizeitornithologen die Vögel viel Anlass zu interessanter Betätigung. Die Information von Gleichgesinnten oder die Weitergabe von Unterlagen an Fachbehörden für Landschaftspflege und Naturschutz, die Erarbeitung von Gutachten oder einfach die Information der Öffentlichkeit wird bei uns von vielen Fachverbänden und -vereinen fortwährend erledigt. Ohne groß angelegte ehrenamtliche Tätigkeit von

Vogelkundlern, die bei vogelkundlicher Heimatforschung beginnt, könnte moderner Naturschutz gar nicht stattfinden.

Aber es muss nicht gleich alles in Arbeit münden. Zu reichem persönlichen Erleben genügt es, einfach nur hinzusehen und als Zuschauer interessante und begeisternde Erlebnisse mitzunehmen. Schon das Vogelleben an einem Futterhaus vor dem Fenster oder im Park hält eine Vielfalt an Eindrücken bereit. Draußen sein, bevor die lärmende Alltagsaktivität der Menschen beginnt, oder etwas abseits der Straßen in der Stille anzusitzen gewinnt auch wohlvertrauter Umgebung völlig neue Seiten ab. In einer Freizeitgesellschaft, die mit immer neuen Sportgeräten und -moden die Freizeit verplant, ist das Vogelbeobachten keineswegs ein veralteter romantischer Rückgriff in vergangene Epochen, sondern eine höchst aktuelle Herausforderung, die gerade in unseren Tagen wieder viel Zulauf findet und junge wie ältere Menschen in ihren Bann schlägt.

Vogelleben – ein Überblick

Auf der Welt leben etwa 10 000 Vogelarten. Allerdings gelten mittlerweile 1221 und damit 12% als vom Aussterben bedroht, und weitere 8% bedürfen besonderer Aufmerksamkeit, da sie am Rande der Gefährdung stehen und ihre Zukunft keineswegs sicher ist.

Wenn man **Artenzahlen** für einzelne Länder oder Gebiete angeben will, kommt man meist nicht mit einer einzigen Zahl aus. Vögel sind sehr beweglich und viele von ihnen unternehmen regelmäßig oder auch nur gelegentlich weite Wanderungen, während der sie in Gebieten auftauchen, in denen sie normalerweise nicht zu Hause sind. Von aufmerksamen Vogelbeobachtern sind in Deutschland z.B. seit 1950 mindestens 462 Vogelarten nachgewiesen worden, davon ziehen hier aber lediglich etwa 244 ihren Nachwuchs groß, sind also Brutvögel. Die übrigen erscheinen nur zu bestimmten Jahreszeiten oder auch nur sehr selten und ganz ausnahmsweise und sind daher entweder nur vorübergehend oder mit geringer Wahrscheinlichkeit bei uns zu erwarten. Hinzu kommen noch frei lebende Vogelarten, die ursprünglich nicht in Deutschland heimisch waren, aus Gefangenschaft entkommen sind, sich angesiedelt haben oder auch absichtlich eingebürgert wurden und daher Neubürger sind. Solche Bereicherungen der Artenvielfalt sind allerdings ökologisch nicht immer ganz problemlos. Wie auch immer: Die Vogelwelt in einzelnen Gebieten ist dynamisch und ändert sich mit der Zeit. Sehr häufig ist auch Neues zu erwarten. Das macht das Vogelbeobachten auch nach Jahrzehnten noch (oder sogar dann erst recht) spannend.

Die vielen verschiedenen Vogelarten werden in verwandtschaftlich zusammenhängende Gruppen gegliedert je nachdem, wie man auf gemeinsame Vorfahren im Verlauf der Stammesgeschichte schließen kann. Doch sind die stammesgeschichtlichen Verwandtschaftsverhältnisse in der Gegenwart nicht immer leicht etwa an Ähnlichkeiten zu erkennen. Daher muss die Wissenschaft der Einteilung der

Vögel in ein System, die **Systematik**, auch mit komplizierten Methoden arbeiten, um Verwandtschaftsverhältnisse aufzuhellen. Da man sie vor allem am Erbgut erkennen kann, spielen heute Methoden der Molekularbiologie eine wichtige Rolle, der Verwandtschaft innerhalb der Vögel auf die Spur zu kommen und Vögel zu klassifizieren.

Die größte Gruppierung ist die Ordnung, zu der meist mehrere Familien zählen. So enthält z.B. die Ordnung der Schreitvögel die Familien Reiher, Störche oder Ibisse. Die Ordnung der Regenpfeifervögel fasst dagegen neben anderen die Familien der Regenpfeifer, Schnepfen, Möwen oder Alken zusammen. Die Ähnlichkeiten innerhalb einer Ordnung sind also noch nicht besonders groß. Sie werden bereits deutlicher innerhalb von Familien und sind schließlich meist erst in der nächsten Untergruppe, der Gattung, leicht zu erkennen. Mehrere Gattungen können zu einer Familie zählen.

Eine Vogelgattung fasst meist mehrere nah verwandte und damit auch meist recht ähnliche Arten zusammen. So zählen große sehr ähnliche Reiher (z.B. Graureiher) zur Gattung *Ardea*, während kleinere, meist weiße Reiher (z.B. Seidenreiher) in die Gattung *Egretta* gestellt werden. Graureiher und Seidenreiher haben daher verschiedene Gattungsnamen. Abweichende Arten, die ganz offensichtlich keine näheren Verwandten haben, stehen auch allein in einer Gattung oder sogar in einer Familie. Der Wiedehopf ist z.B. ein solcher Sonderling, der für sich eine eigene Familie bildet.

Da aber die stammesgeschichtlichen Verwandtschaftsverhältnisse nicht leicht zu ermitteln sind, bestehen auch innerhalb der Vögel noch große Unsicherheiten der Klassifizierung. Mit neuen Erkenntnissen ist zu rechnen und daher ändert sich die Einteilung und Zuordnung bestimmter Gruppen immer wieder. Auch besteht zwischen den Experten nicht immer Einigkeit, denn Umfang und Zuordnung von Gruppierungen ist durchaus Ansichtssache. Zu den genannten weißen Reihern der Gattung *Egretta* zählt man häufig z.B. den ebenfalls weißen, aber viel größeren Silberreiher; andere wiederum stellen ihn in eine eigene Gattung *Casmerodius*.

Innerhalb einer Gattung unterscheidet man verschiedene Arten. Die **Art** ist damit die untersten Kategorie der Einteilung und Zuordnung von Lebewesen. Alle Individuen einer Art unterscheiden sich von den Mitgliedern aller anderen Arten. Solche Unterschiede sind im Aussehen, aber auch im Verhalten äußerlich erkennbar, doch sind sie keineswegs immer gleich groß und auffällig. Es gibt auch unter den heimischen Vögeln fast zum Verwechseln ähnliche Arten. Die Entstehung von Arten vollzieht sich in der Stammesgeschichte allmählich, sodass nicht alle heutigen Arten gleich große Unterschiede zu den nächst verwandten Arten aufweisen. Über große geographische Räume hinweg lässt sich auch nicht immer eindeutig entscheiden, ob Unterschiede groß genug sind, um bereits von verschiedenen Arten zu sprechen. Daher gibt es heute verschiedene Konzepte, die versuchen, Unterschiede zwischen Individuengruppen (Populationen) zu berücksichtigen und zu entscheiden, ob und unter welchen Vorbehalten man auch bei sehr geringen Unterschieden bereits von zwei Arten sprechen kann oder nicht. Es ist daher verständlich, dass man die Zahl der Vogelarten auf der Welt nicht auf die Einerstelle genau angeben kann, da für die hierzu nötigen Entscheidungen noch längst nicht alle Detailkenntnisse vorliegen.

Angehörige verschiedener Arten, die an einem Ort leben, pflanzen sich natürlicherweise nicht oder höchstens ausnahmsweise miteinander fort. Damit werden Unterschiede im Erbgut bewahrt, das ja dann zwischen Arten nicht beliebig und unbegrenzt ausgestauscht werden kann, auch wenn sich gelegentlich einmal Bastarde zwischen Arten bilden. Die Artunterschiede sind der Grund, dass in einem Gebiet oder auch in einem Lebensraum verschiedene Vögel nebeneinander leben können, weil sie je nach Art andere Anforderungen stellen und andere Ressourcen nutzen.

Alle Angehörigen einer Art tragen den selben Namen. Er besteht aus zwei lateinischen (oder latinisierten) Wörtern und bei Vögeln zumindest aus einem Namen in einer lebenden Sprache. Die lateinische Artbezeichnung muss einmalig sein und darf nicht zu Verwechslungen führen. Das erste, groß geschriebene Wort gibt die Gattung an, das zweite klein geschriebene ist der eigentliche Artname. Verschiedene Arten, die zu einer Gattung zählen, haben also den gleichen Gattungsnamen. Erst die Kombination mit einem zweiten Namen benennt eine Art eindeutig. In der Regel schreibt man den lateinischen Namen kursiv. In lebenden Sprachen ist die Namensgebung nicht so strikt; je nach Gegend oder Mundart gibt es im Deutschen z.B. verschiedene Bezeichnungen für ein und dieselbe Vogelart.

Wie benennt man einen Vogel?

Deutscher Name	Lateinischer Name	
	Gattung	Artbezeichnung
Kohlmeise	*Parus*	*major*
Blaumeise	*Parus*	*caeruleus*
Buchfink	*Fringilla*	*coelebs*

Kohlmeise und Blaumeise sind also Arten einer gemeinsamen Gattung.

Im Deutschen kann eine Vogelart verschiedene Namen haben, die meist in unterschiedlichen Traditionen entstanden sind. In den folgenden Beispielen ist der erste der heute allgemein übliche Name:

Blässhuhn = Blässralle
Schnatterente = Mittelente
Amsel = Schwarzdrossel
Neuntöter = Dornwürger = Rotrückenwürger
Gimpel = Dompfaff
Stieglitz = Distelfink

Vögel erkennt man an den **Federn**. Das ist wörtlich zu nehmen, denn unter den heute lebenden Tieren tragen nur Vögel Federn und bei den meisten bedecken sie fast den ganzen Körper. Federn bestim-

Die Art auf dem Foto ist mit ihrem wissenschaftlichen Namen *Lanius collurio* eindeutig benannt. Im Deutschen sind neben Neuntöter auch Rotrückenwürger und Dornwürger gebräuchliche Namen (im Foto das Männchen).

men daher die Gestalt des Vogels. Das aus vielen Einzelfedern kompliziert zusammengesetzte Federkleid bildet eine wichtige Isolationsschicht und hilft, unabhängig von den Außenbedingungen eine gleichmäßig hohe Körpertemperatur aufrecht zu erhalten. Federn sind auch zu Flugwerkzeugen geworden. Die kräftigen Schwungfedern im Flügel tragen zum Auftrieb und Vortrieb in der Luft bei, die Schwanzfedern wirken als Steuer. Federn sind die Träger von Farben und Mustern, an denen wir Vogelarten erkennen können.

Federn sind tote, in der Haut sitzende Horngebilde, die sich mit der Zeit abnutzen. Daher müssen sie in einem Vogelleben erneuert werden, bei den meisten Vögeln mindestens einmal im Jahr. Der Wechsel der Federn heißt **Mauser**. Mit der Mauser, die meist zu bestimmten Zeiten einsetzt, ändert sich auch häufig das Aussehen des Vogels, denn bei vielen Arten sind unterschiedliche Federkleider im Jahresablauf auch mit verschiedenen Färbungen und Zeichnungsmustern verbunden. Farbänderungen im Gefieder sind fast immer nur durch Federwechsel möglich.

Bei vielen Arten sind als Folge von Gefiederwechsel verschiedene **Kleider** zu unterscheiden. Im Spätwinter und Frühjahr tragen z.B. die Männchen ein Prachtkleid mit oft auffälligen Farben oder Federstrukturen, die bei der Balz und Paarbildung, aber auch bei der Revierverteidigung eine Rolle spielen. Die Weibchen legen dagegen ein wenig auffälliges Schlichtkleid an, das ihnen eine für das Brutgeschäft wichtige Tarnung verschafft. Im Sommer werden die Prachtkleider der Männchen durch die Mauser von einem weibchenähnlichen Schlichtkleid abgelöst, sodass dann die Geschlechter nicht mehr oder nur sehr schwer zu unterscheiden sind. Nicht bei allen Vögeln gibt es solche auffälligen Unterschiede zwischen Pracht- und Schlichtkleidern, aber bei allen tragen z.B. die flügge gewordenen Jungen ein Jugendkleid, dass sich bei vielen Arten vom Alterskleid unterscheidet, häufig aber auch weitgehend dem Schlichtkleid gleicht. Man muss also von den meisten Vögeln mehrere Kleider kennen, wenn man sie das ganze Jahr über sicher erkennen will.

Bei den meisten Vögeln spielen Lautäußerungen eine große Rolle und viele sind sehr stimmbegabt. Man unterscheidet in der Regel **Gesang**, den nicht nur Singvögel beherrschen, von **Rufen**. Gesänge müssen nach unserem Empfinden nicht immer wohltönend sein. Man versteht darunter mehr oder minder komplizierte, oft auch in Strophen gegliederter Lautäußerungen, die vor allem vor und während der Fortpflanzungszeit zu hören sind. Im Hochsommer und Herbst singen kaum noch Vögel. Manche, wie etwa das Rotkehlchen, singen zwar auch im Herbst, aber nicht so intensiv und häufig wie im Frühjahr. Von wenigen Ausnahmen abgesehen singen nur die Männchen. Die Gesänge sind für jede Vogelart typisch und daher auch für den Vogelbeobachter ein wichtiges Hilfsmittel der Artbestimmung.

Rufe sind meist kürzere Lautäußerungen, die nicht nur in der Fortpflanzungszeit in bestimmten Situationen zu hören sind. Da gibt es z. B. Warnrufe, Lockrufe, Bettelrufe, Flugrufe. In der Regel sind auch Rufe artspezifisch, aber oft bei verschiedenen Arten sehr ähnlich, sodass man nicht immer sicher sein kann, eine bestimmte Art gehört zu haben. Alarmrufe bei Luftfeinden, z. B. Sperber, sind bei vielen Singvögeln einheitlich hoch und durchdringend; sie werden daher auch von vielen Arten »verstanden«. Bei einiger Übung kann man aber auch an kurzen Rufen, die einem ungeübtem Ohr entgehen, eine Vogelart sicher bestimmen, ohne irgendwelche optischen Merkmale erkannt zu haben.

Alle Vögel legen Eier, aber nicht alle bauen ein **Nest**. In der Brutbiologie der Vögel spielt das Bebrüten und Wärmen der Eier und die Betreuung der Jungen eine große Rolle und verlangt von den Altvögeln oft hohen Einsatz. Der Kuckuck, der nach der Ablage seiner Eier in fremde Vogelnester diese Aufgaben anderen Vogelarten überlässt, ist in unserer Vogelwelt eine einmalige Ausnahme. Ohne ein eigenes Nest zu bauen legen z. B. Falken oder Eulen ihre Eier auf einen geeigneten Untergrund. Alte Nester anderer Arten können für sie wertvolle Brutplätze abgeben.

In Form, Umfang und Ausstattung der Nester gibt es eine große Vielfalt von Möglichkeiten. Bodenbrüter scharren oft nur eine kleine Mulde für die Eier. Höhlenbrüter legen ihre Eier in das Innere von ausgefaulten Astlöchern und anderen Baumhöhlen (z. B. Meisen) oder Felsspalten. Viele von ihnen haben sich heute an künstliche Nisthöhlen gewöhnt; Spechte zimmern sich ihre Höhlen selbst. Viele Vögel bauen Nester aus Zweigen, Halmen und anderem feinen Pflanzenmaterial; als Auspolsterung werden auch Federn und Haare verwendet. Zu den aufwändigsten Nestern in unserer Vogelwelt zählen die Kugelnester der Schwanzmeisen oder die Beutelnester der Beutelmeisen. Die Eier und später auch die geschlüpften Jungen zu schützen und warm zu halten, ist die wichtigste Aufgabe des Vogelnestes. Meist wird ein Vogelnest nach dem Ausfliegen der Brut nicht mehr benützt. Bei manchen Greifvögeln oder Störchen sind einzelne Nester aber jahrelang in Gebrauch und können zu mächtigen Bauten heranwachsen.

Die in ein Nest abgelegten **Eier** bezeichnet man als Gelege. Tauben legen pro Brut nur 2 Eier, ebenso manche Adler. Die Gelege der meisten anderen Vogelarten sind größer. Kiebitze und viele ihrer Verwandten legen z.B. fast immer 4 Eier, bei vielen anderen Arten sind Gelege unterschiedlich groß. Große Gelege von über 10 Eiern kann man zuweilen z.B. bei Stockente, Fasan, Rebhuhn oder Blaumeise finden.

Die Eischalen sind bei vielen Vogelarten kompliziert gefärbt und gemustert und bei Bodenbrütern in einer offenen Mulde oft hervorragend getarnt. Viele Höhlenbrüter legen weiße Eier, ebenso Tauben. Die Eier werden bei den einzelnen Arten unterschiedlich entweder nur vom Weibchen oder von Männchen und Weibchen gemeinsam bebrütet. Wenn das Weibchen allein brütet oder zumindest den Hauptteil der Brutpflege übernimmt, sorgt das Männchen oft für die Ernährung und bringt dem Weibchen Futter. Im Brutverhalten gibt es zwischen den Vogelgruppen viele Unterschiede.

Die **Jungen** schlüpfen nach einer pro Art festliegenden Brütezeit entweder blind und nackt oder aber mit einem Dunenkleid, das den ganzen Körper bedeckt. Im ersteren Fall handelt es sich dann meist um typische **Nesthocker**, im letzeren können die frisch geschlüpften Jungen oft schon nach Stunden das Nest auf eigenen Beinen verlassen oder gar davon schwimmen. Solche typischen **Nestflüchter** sind z.B. die Jungen von Hühnern, Enten oder Watvögeln, also Bodenbrütern. Nesthocker werden im Nest von beiden Altvögeln, manchmal aber auch nur von einem Partner gefüttert, bis das Federkleid so weit herangewachsen ist, dass die Jungen das Nest als Kälteschutz nicht mehr benötigen und flügge werden.

Bei vielen Arten werden die Jungen in der ersten Zeit nachdem sie das Nest verlassen haben von den Altvögeln noch eine Zeit lang betreut. Zwischen typischen Nesthockern und Nestflüchtern gibt es allerdings zahlreiche Übergangslösungen. Bei den Möwen bleiben z.B. die Dunenjungen, die wie Nestflüchterküken aussehen, noch längere Zeit am Nestplatz und werden von den Altvögeln dort auch gefüttert, obwohl sie schon bald nach den Schlüpfen schwimmen können. Die Jungen von Waldkauz und Waldohreule verlassen das Nest noch bevor sie fliegen können und sitzen dann noch im Dunenkleid auf den Ästen nahestehender Bäume (»Ästlinge«).

Die Brutzeit der Vögel fällt bei uns vorwiegend in die erste Hälfte des Sommerhalbjahres. Anschließend beginnt meist die vollständige Mauser des Gefieders, die in der Regel vor Eintritt des Winters abgeschlossen wird. Der Herbst und der folgende Frühling sind die Zeiten der großen jährlichen Wanderungen vom Brutgebiet in ein fern liegendes Winterquartier und von dort wieder zurück. Dieser **Vogelzug** zwischen zwei jahreszeitlich unterschiedlichen geographischen Aufenthaltsgebieten einer Art spielt in Mitteleuropa eine große

Rotkehlchen sind Teil- und Kurzstreckenzieher: Ein Teil der mitteleuropäischen Population zieht in den Mittelmeerraum und bis Nordafrika, ein Teil bleibt da; zudem rücken Vögel aus nördlicheren Gebieten nach.

Rolle. Viele einheimische Brutvögel wandern als **Kurzstreckenzieher** im Herbst nach Süd- und Westeuropa, andere als **Langstreckenzieher** über das Mittelmeer und die Sahara ins tropische Afrika und einige sogar bis in den Süden des Kontinents. Langstreckenzieher verlassen uns schon ab Spätsommer und kommen auch erst nach Mitte April bis in den Mai hinein wieder zurück. Kurzstreckenzieher bleiben oft bis in den frühen Winter und sind bereits ab Ende Februar oder im März wieder an ihren Brutplätzen.

Aber die Möglichkeiten sind noch vielfältiger. Neben typischen Lang-, Mittel- und Kurzstreckenziehern gibt es auch Vogelarten, bei denen ein Teil der Individuen den Winter bei uns verbringt, der andere in ein westlich oder südwestlich gelegenes Winterquartier abzieht. Solche **Teilzieher** sind z.B. Amsel und Grünling. Der Anteil ziehender und nicht ziehender Individuen kann innerhalb der Vögel einzelner Gebiete (Populationen) von Jahr zu Jahr schwanken und wird sich wohl auch parallel der eintretenden Klimaerwärmung ändern. Die Verhältnisse sind beim Vogelzug also alles andere als starr festgelegt.

Aber nicht nur mitteleuropäische Brutvögel ziehen in ganz unterschiedliche Winterquartiere und kommen im Frühjahr zurück. Das Bild wird komplizierter, denn auch Zugvögel aus anderen Gebieten, z.B. aus Nord- und Osteuropa tauchen bei uns auf. Im Herbst ziehen also Vögel ganz unterschiedlicher Herkunft zu oft verschiedenen Zeiten durch Deutschland. Und für manche Arten ist bei uns das Winterquartier schon erreicht. Solche **Wintergäste** sind z.B. viele Enten, aber auch skandinavische Bergfinken oder Erlenzeisige. Im Frühjahr ziehen Wintergäste dann wieder in ihre Brutgebiete ab und von Süden und Westen kommen nach und nach die weggezogenen

Brutvögel aus Mitteleuropa zurück. Gleichzeitig ziehen aber die in Nord- oder Osteuropa beheimateten Artgenossen unserer Brutvögel durch und müssen oft noch etwas warten, bis sie in den äußersten Norden weiterziehen können, wie etwa die sibirischen Watvögel und Gänse im Wattenmeer.

So dauert also die Zeit des Vogelzugs jeweils Monate. Und auch außerhalb der eigentlichen Zugperioden im Frühjahr und Herbst sind fast immer irgendwo Vögel unterwegs. Große Scharen von Kiebitzen oder Staren sammeln sich z. B. schon ab Frühsommer und wandern auf der Suche nach ergiebigen Nahrungsgründen umher. So lässt sich bei aufmerksamer Kontrolle der Vogelwelt fast zu jeder Jahreszeit und in allen Gebieten ein Kommen und Gehen beobachten.

In allen Landschaften kommen Vögel vor, sogar mitten in der Stadt oder im einsamen Hochgebirge am Rand des dauerhaften Schnees. Viele Arten stellen bestimmte Anforderungen an ihre Umwelt, sodass man Anpassungen an bestimmte **Lebensräume** erkennen kann. Feldlerchen, Kiebitze oder Brachvögel brauchen weithin offenes Land mit niedriger Vegetation, wie es Moore und feuchte Niederungsgebiete sowie später dann große Rodungsflächen der Landwirtschaft zur Verfügung stellten. Sie kommen nicht im Wald vor oder auf Flächen, die mit Bäumen bestanden oder auch hoch bewachsen sind. Typische Waldvögel sind dagegen z. B. Spechte, deren ganzes Leben sich auf Bäumen abspielt und die in vielfältiger Weise daran angepasst sind, von der Bewegung an senkrechten Stämmen bis hin zur Bearbeitung von Holz beim Bau der Nesthöhle.

Oft sind es kleine Requisiten eines Biotops, die entscheiden, ob eine Art dort leben kann oder nicht. So sind einzelne Vogelarten nur in den für sie geeigneten Lebensräumen anzutreffen, wobei die Zusammenhänge oft nicht auf dem ersten Blick zu erkennen sind. Für viele Vögel spielt auch das Angebot unterschiedlicher Lebensräume nebeneinander oder zu verschiedenen Jahreszeiten eine wichtige Rolle. Stare, die im Nistkasten vor dem Haus groß geworden sind, sammeln sich im Hochsommer in großen Scharen auf abgemähten Wiesen oder in Weinbergen und fliegen am Abend ins Schilf eines Sees zur Übernachtung. Lachmöwen brüten in der Verlandungszone von Seen und kommen im Winter in die Straßen von Großstädten. Kleine Ortswechsel mit der Jahreszeit sind in Mitteleuropa unter den Vögeln sehr häufig, oft auch nur vorübergehende Konzentrationen z. B. bei großem Nahrungsangebot, wie etwa in Obstplantagen, Weinbergen oder offenen Müllkippen.

Die meisten Vogelarten sind also nicht sehr eng an einen besonderen Lebensraum oder an eine bestimmte Landschaft gebunden. Man wird in den wenigsten Fällen sagen können, dass man eine bestimmte Vogelart nur dort und sonst nirgends antreffen kann. Das hängt natürlich einmal mit der hohen Beweglichkeit der Vögel zusammen, zum anderen aber auch damit, dass heute fast alle Landschaften Mitteleuropas vom Menschen genutzt und verändert werden. Auch wenn Landschaftsbilder bleiben, haben sich Veränderungen vollzogen, die für Vögel und ihre Zukunft entscheidend sein können. Auf den großen Grünflächen anstelle früherer Wiesen gibt es kaum noch

Lerchen und andere Bodenbrüter, weil auf den mit hohen Nährstoffmengen versehenen Böden die Vegetation zu rasch, zu dicht und zu hoch wächst und auch der früher einsetzende Grasschnitt hohe Brutverluste verursacht. Vögel der ländlichen Kulturlandschaft haben es schwer zu überleben, weil sie längst von den Methoden der modernen agrarischen Bodennutzung abhängig geworden sind. Ausweichmöglichkeiten für kurze Zeit bilden vielleicht Brachflächen, vor allem solche, die durch industrielle Eingriffe entstehen. Und Truppenübungsplätze sind geradezu zu Refugien bedrohter Arten geworden.

Auch Waldvögel sind vielfach längst zu Park- und auch zu Gartenvögeln geworden. Die Vögel im Wald sind heute ganz und gar von der Forstwirtschaft abhängig, die das Bild des Waldes entscheidend bestimmt. Arten, die mit dem Wald von heute nichts mehr anfangen können, verschwinden, ohne dass sie jemand unmittelbar verfolgt oder ihr Lebensraum für uns erkennbar vernichtet wird. Das Auerhuhn ist ein trauriges Beispiel dafür. Andere profitieren von der Umwandlung des Walds in einen Forst oder von den vielen in menschlichen Ballungsräumen entstehenden Grünanlagen.

Manche Vogelbiotope sind bei uns bereits ganz verschwunden oder auf winzige Reste zusammengeschrumpft, Hochmoore etwa oder große Schilfwälder und Magerflächen. Da bleibt es nicht aus, dass einige Arten bei uns schon so gut wie verschwunden sind oder nur noch an wenigen Plätzen in kleinen Beständen vorkommen, wie etwa das Birkhuhn.

Aufgaben für den **Vogelschutz** liegen also gegenwärtig vor allem in der Erhaltung von Lebensräumen. Allerdings hat sich erwiesen, dass kleine und mehr oder minder voneinander isolierte Schutzgebiete den Artenschwund nicht aufhalten können. Daher hat man sich in Europa mit der Vogelschutzrichtlinie und der Fauna-Flora-Habitat-Richtlinie (FFH-Richtlinie) bemüht, ein überregionales großräumiges Netz von Schutzgebieten aufzubauen, das in der Lage sein kann, die Vielfalt der Organismen zu erhalten. Diese Mindestanforderungen stoßen aber auf wenig Gegenliebe, weil sie Verzicht fordern, Verzicht zu Gunsten nachfolgender Generationen. Noch sind die mühseligen Verhandlungen zwischen den Interessengruppen und den Regierungen nicht abgeschlossen. Man kann nur hoffen, dass von den fachlich fundierten Plänen eines Schutzgebietsnetzes so viel übrig bleibt, dass der Tierwelt Europas ein Überleben in ihrer Vielfalt möglich sein wird.

Auch zahlreiche Vogelarten, die in diesem Buch vorgestellt werden, stehen auf der Roten Liste der Brutvögel Deutschlands. Sie müssen als besondere Zielarten des Vogelschutzes gelten, um deren Fortbestand man sich zu kümmern hat.

In einem Buch für Vogelfreunde wohl eher überflüssig ist der Hinweis, dass alle Vögel geschützt sind. In Deutschland wird dies durch die Bundesartenschutzverordnung geregelt, wobei wenige Arten zusätzlich noch dem Jagdrecht unterliegen, etwa einige Enten, Hühner und Tauben.

Vögel auf der Roten Liste der gefährdeten Tierarten Deutschlands

Die derzeitige Fassung der Roten Liste der Brutvögel Deutschlands gilt seit 8. 5. 2002. Sie betrifft bei den angeführten Arten nur die Bestände, die in Deutschland brüten. So stehen auch Arten auf der Roten Liste, die noch regelmäßig und nicht selten als Gäste auf dem Durchzug oder im Winter bei uns beobachtet werden können, deren bei uns brütenden Bestände jedoch gefährdet sind. Nur die Arten sind aufgeführt, die im Buch vorgestellt werden.

Kategorie 1: Vom Aussterben bedroht

Alpenstrandläufer
Auerhuhn
Bekassine
Birkhuhn
Flussuferläufer
Halsbandschnäpper
Kampfläufer
Kornweihe
Raubwürger
Rohrdommel
Seeregenpfeifer
Trauerseeschwalbe
Uferschnepfe
Wiedehopf

Kategorie 2: Stark gefährdet

Drosselrohrsänger
Grauammer
Großer Brachvogel
Haubenlerche
Kiebitz
Knäkente
Kolbenente
Rebhuhn
Rotschenkel
Sandregenpfeifer
Schilfrohrsänger
Spießente
Steinkauz
Steinschmätzer
Wachtelkönig
Wiesenweihe

Kategorie 3: Gefährdet

Baumfalke
Braunkehlchen
Fischadler
Gänsesäger
Heidelerche
Schwarzstorch
Seeadler
Uhu
Wanderfalke
Weißstorch
Wendehals

Kategorie R: Arten mit sehr kleinem Brutgebiet in Deutschland

Alpenschneehuhn
Basstölpel
Dreizehenmöwe
Karmingimpel
Mantelmöwe
Mittelmeermöwe
Pfeifente
Singschwan
Trottellumme

Kategorie V: Vorwarnliste

Baumpieper
Bluthänfling
Brandseeschwalbe
Eiderente
Eisvogel
Feldlerche
Feldsperling
Flussseeschwalbe
Gartenrotschwanz
Grauspecht
Grünspecht
Haussperling
Kormoran
Kuckuck
Mauersegler
Mehlschwalbe
Mittelspecht
Pirol
Rauchschwalbe
Rothalstaucher
Rotmilan
Schwarzhalstaucher
Teichhuhn
Türkentaube
Uferschwalbe
Wiesenschafstelze
Zwergtaucher

Vögel beobachten – Vögel kennen lernen

Vögel beobachten scheint auf den ersten Blick leicht, denn Vögel fallen auf. Wenn es aber darum geht, die einheimischen Vogelarten oder wenigstens möglichst viele von ihnen sicher zu erkennen, ist es mit dem Slogan »Vogelbeobachten leicht gemacht« schnell vorbei. Allerdings ist es auch keine Geheimwissenschaft, mit raschem Blick die verschiedenen Vogelarten zu unterscheiden, noch bevor der Unerfahrene überhaupt irgendwelche Einzelheiten erkannt hat. Es bedarf nur ein wenig Übung und Aufmerksamkeit und einiger Hilfsmittel, mit denen man seine Kenntnisse und Erfahrungen rasch vertiefen kann.

Das wichtigste und leider auch kostspieligste Hilfsmittel, ohne das ein Vogelbeobachter nicht auskommt, ist ein gutes **Fernglas**. Acht- bis zehnfache Vergrößerungen erweisen sich am geeignetsten, denn nur selten sieht man Vögel so nah wie etwa am Futterhaus oder im Winter an der Entenfütterung im Parkteich. Oft gilt es, auch kleine Merkmale zu erkennen und zu unterscheiden, sodass beim Vogelbeobachten das Fernglas immer dabei sein muss.

Vogelbestimmung aus größerer Entfernung ist auch schon deshalb nötig, um Vögel möglichst ungestört beobachten zu können. Damit hat nicht nur der Beobachter mehr Freude und Genuss. Störungen sind auch aus Gründen des Vogelschutzes nicht zu verantworten und möglichst zu vermeiden, besonders in Schutzgebieten und am Brutplatz. Vor allem an solchen sensiblen Stellen hat unsere Neugier hinter dem Wohlbefinden und Schutz der Vögel zurückzustehen.

Das Thema Fernglas ist durch neue Techniken sehr vielseitig geworden. Eine Fülle von Modellen wird angeboten, die Leistungen von modernen High-Tech-Gläsern sind enorm. Natürlich tun es auch einfachere und preisgünstigere oder ältere Modelle, aber wenn man in verschiedenen Landschaften regelmäßig oder häufig Vogelexkursionen unternimmt und möglichst viel entdecken und bestimmen will, wird man rasch an Grenzen stoßen oder sich über Einschränkungen ärgern. Es kommt eben bei der Investition in optische Geräte ganz darauf an, welche Leistung man auch wirklich braucht und abrufen will.

Vergrößerung allein macht es sicher nicht, hinzu kommen Leistungen bei schwachem oder ungünstigem Licht, Detailauflösung oder Randschärfe des Bildes. Auch die Größe des Sehfeldes spielt eine Rolle, denn wir suchen ja sehr bewegliche Objekte. Am hellen Tag sind viele Daten über die »Lichtstärke« oder die »Dämmerungsleistung« von Gläsern ohne Bedeutung. Wenn man jedoch auch in der Dämmerung noch beobachten will oder an trüben Tagen, machen sich Unterschiede sehr wohl bemerkbar.

Vor dem Kauf eines teueren Modells ist auch zu überlegen, wie das Glas in der Hand liegt, denn oft entscheiden Sekunden, ob man

Merkmale eines Vogels noch sehen kann oder nicht. Deshalb sollten Ferngläser auch nicht zu groß und unhandlich, aber z.B. rasch bei der Hand und dann schnell und problemlos zu fokussieren sein. Höhere Vergrößerungen als etwa zehnfach sind für die freie Hand wenig geeignet, da man dann oft Probleme hat, das Glas ruhig zu halten und sich Müdigkeit auswirken kann. Gläser über 15fach setzt man daher meist auf Stative. Viele der Vergrößerungen über 20fach nutzen Vogelbeobachter als monokulare Fernrohre, um vor allem vom Ansitz aus über größere Entfernungen noch Vögel bestimmen zu können. Stativ und Fernrohr sind auch für Zählungen von Vögel über eine größere Fläche (z.B. Wasservögel) unverzichtbar.

Wichtig sind einige zusätzliche Dinge am Fernglas. Man prüfe z.B., ob die Okulare auch für Brillenträger geeignet sind und sich entsprechend einstellen lassen. Ein Regenschutzdeckel für die Okulare sollte immer dabei und der Tragriemen nicht zu schmal sein. Ganz wichtig ist auch die mechanische Stabilität des Glases, denn bei häufigem Einsatz und auf größeren Touren muss es auch einmal härtere Bedingungen oder einen Stoß überstehen können. Vor einem Kauf ist also gute Beratung dringend zu empfehlen, und zwar nicht nur vom Optiker, der zwar über die technischen Details gut informiert, aber eben kein Vogelbeobachter ist. In der Praxis draußen stellt sich eben manches ganz anders dar und daher ist Erfahrung von Vogelbeobachtern, die schon länger mit entsprechenden Geräten unterwegs sind, sehr wichtig.

Nicht alles kann man im Kopf behalten und manche Beobachtung stellt sich hinterher dann oft anders dar. Die meisten Vogelbeobachter führen daher ein **Notizbuch** mit sich, in dem man notfalls auch eine rohe Skizze des Vogels den Notizen über Eindrücke oder gesehene und gehörte Details anfügen kann. Für rasches Protokollieren haben Vogelbeobachter heute auch oft ein kleines elektronisches Diktiergerät einstecken, das in manchen Fällen auch das Aufnehmen von Vogellauten gestattet, um sie zu Hause mit Tonkonserven zu vergleichen.

Zur Verarbeitung der optischen Eindrücke zu einer Bestimmung der Vogelart braucht man ein **Vogelbestimmungsbuch**, das mit geeigneten Bildern (Fotografien oder Zeichnungen) und Beschreibungen die möglichen Vogelarten vorstellt. In vielen Fällen wird man ohne größere Probleme einen gesehenen Vogel wieder erkennen und bestimmen können. Nicht selten stellt sich aber heraus, dass es mehrere alternative Lösungen gibt, weil sehr ähnliche Vögel abgebildet sind und für eine Entscheidung gerade die wichtigsten Details fehlen. Vielleicht hatte man nicht so genau hingesehen oder wusste gar nicht, worauf es in diesem Fall genau ankommt. Verwechslungsmöglichkeiten sind daher durchaus an der Tagesordnung. Mit dem 3er-Check möchte dieser Führer dazu beitragen, Unsicherheiten und Fehlbestimmungen zu minimieren. Da auch das Gedächtnis viele Einzelheiten nicht so genau behält, sollte man allerdings möglichst rasch, wenn die Eindrücke noch frisch sind, im Buch nachschlagen. Am besten nimmt man dieses handliche Vogelbestimmungsbuch auf seine Wanderung mit. Aber auch das beste Vogelbuch kann nicht alle Fragen beantworten und Bestimmungsprobleme lösen. Frage-

Kleider machen auch Vögel: Junge Großmöwen sind sich zum Verwechseln ähnlich; links junge Mantelmöwe, rechts junge Silbermöwe.

Erst nach vier Jahren legen Großmöwen ihr Alterskleid an, an dem man sie viel leichter unterschieden kann; links Mantel- und rechts Silbermöwe.

zeichen bleiben immer, auch bei Vogelbeobachtern, die schon viel Erfahrung gesammelt haben. Und manchmal ist der Vogel, den wir gut gesehen zu haben glauben, im Buch gar nicht zu finden.

Vögel einer Art sehen nämlich nicht immer genau gleich aus. Da gibt es individuelle Unterschiede, aber auch verschiedene Kleider. Viele Vogelarten sehen sich im Jugend- oder Schlichtkleid sehr viel ähnlicher als im Prachtkleid. Es ist kein Problem, die Männchen der Enten im Frühjahr sicher zu unterscheiden. Wenn aber im Herbst nur Schlichtkleider zu sehen sind, kann es schwierig werden, die Artzugehörigkeit festzustellen. Man muss dann auf ganz andere Merkmale achten. Viele kleine Singvögel sehen im Spätsommer und Herbst einander zum Verwechseln ähnlich und sind dann auch häufig noch an anderen Plätzen als gewohnt zu sehen.

Und nicht immer begegnen uns Vögel, die ein bestimmtes Kleid tragen, so wie es im Buch abgebildet ist. Während der Mauser von einem Kleid in das folgende gibt es auch Übergangsstadien, sodass auch deshalb der gesehene Vogel nicht exakt den im Buch dargestellten Kleidern entspricht. Es wäre z.B. ausgesprochen schwierig, zu allen Jahreszeiten Stare sicher zu erkennen, wenn man sich genau an die Gefiederfärbung und -zeichnung halten würde. Die rote

Manchmal sitzen Vögel ungünstig, sodass man selbst auffallende Merkmale nicht gleich erkennen kann. Die rechte Taube ist auch als Ringeltaube zu bestimmen, obwohl man den Halsring nicht sieht. Ihre Größe und das Weiß im Flügelvorderrand geben dem aufmerksamen Beobachter ausreichende Hinweise.

Kehle oder besser Brust als Merkmal versagt, wenn man junge Rotkehlchen bestimmen wollte, denn im Jugendkleid fehlt die rote Kehle vollständig; aber auch sonst sind die Vögel nicht immer so nett, die auffällige Vorderseite zu präsentieren. Es kommt also nicht nur darauf an, genau hinzusehen, sondern mehrere Umstände miteinander zu kombinieren.

Bestimmungsprobleme entstehen auch dadurch, dass natürlich die Situation draußen nicht immer den Idealabbildungen im Vogelbuch entspricht. Oft ist eine Begegnung unverhofft und vor allem viel zu kurz, um alle Merkmal erkennen zu können. Oft sind die Lichtverhältnisse ungünstig, sodass Farben nicht oder ganz anders zur Geltung kommen als sie in den Bildern dargestellt sind. Bei Gegenlicht oder in diffusem Lichteinfall verändern sich Kontraste, selbst auffäl-

Links: Brütender Kiebitz, der im ungünstigen Licht keine schillernden Farbtöne zeigt.
Rechts: Bei günstigem Sonnenlicht erkennt man den grünen und violetten Metallglanz.

lige Farbmuster können in den Hintergrund treten und sind kaum zu erkennen. Auch die Umgebung, in der ein Vogel sitzt, beeinflusst die Farben und Zeichnung seines Gefieders außerordentlich. Ein und derselbe Vogel kann in Gestalt und Färbung je nach der Umgebung, in der man ihn zu sehen bekommt, ganz unterschiedlich aussehen.

Das gilt nicht nur für Farben und Kontraste, sondern sogar auch für die Gestalt und den Größeneindruck. Vor einheitlich hellem Hintergrund kann ein Vogel viel größer wirken als vor einem uneinheitlicher dunklem. »Das hätte man doch sehen müssen« oder »Der Vogel wirkte größer« ist daher nicht immer ein überzeugendes Argument. Oft sitzen Vögel ausgerechnet so ungünstig, dass ganz wichtige diagnostische Merkmal verdeckt und nicht zu sehen sind. Und nicht selten ist einfach auch die Entfernung zu groß, aus der man noch eine Vogelbestimmung wagt.

Diese große Zahl der Vorbehalte klingt eher etwas abschreckend. Doch liegt darin auch der besondere Reiz des Vogelbeobachtens, denn es hat mit detektivischem Spürsinn viel gemeinsam. Die Anhaltspunkte, einen Vogel draußen zu erkennen, sind außerdem nicht nur auf Form und Farbe beschränkt. Vögel sind lebendige Wesen, die sich bewegen und oft sehr charakteristisch verhalten. Einzelne Bewegungsweisen, etwa das Schwanzzittern der Rotschwänze, der Wellenflug der Spechte, das Rütteln des Turmfalken oder das Schwanzzucken des Teichhuhns sind für das Erkennen der Art oft wichtiger als Einzelheiten der Gefiederfärbung. Man kann **Verhaltensweisen** beschreiben oder durch Zeichnungen veranschaulichen, doch erst eigene Beobachtung führt zur nötigen Erfahrung, einen Vogel unter verschiedenen Bedingungen wieder zu erkennen.

Ebenso vielfältig wie Form, Farbe und Verhalten sind die **Lautäußerungen** der Vögel. Oft hört man einen Vogel bevor man ihn sieht. Ohne umfassende Kenntnis der Stimmen kann kein Vogelbeobachter auskommen. Manche optisch sehr ähnliche Arten sind viel leichter an den Lautäußerungen oder sogar überhaupt nur am Gesang sicher auseinander zu halten. Um sich in die Gesänge und Rufe der Vögel einzuhören, muss man nicht ausgesprochen musikalisch sein. Mit etwas Übung wird man rasch einige häufige Vogellaute sicher kennen lernen und nach und nach den Kreis erweitern.

Kassetten und CDs von Vogelstimmen oder Vergleiche mit bekannten Vogellauten, auch sprachliche Umschreibungen helfen weiter, doch viele Probleme lassen sich nur draußen lösen, wenn man den singenden oder rufenden Vogel vor sich hat. Besonders förderlich für das Lernen von Vogelstimmen ist die Teilnahme an Exkursionen, wie sie häufig von Fachvereinen oder regionalen Vogelkennern angeboten werden. Am raschesten wird man mit Hilfe von Kennertipps weiter kommen. Tonkonserven sind nicht immer die beste Lösung, da Vogelstimmen draußen oft ganz anders klingen als aus dem Mikrophon und auch die Aufnahmen einzelner Vogelarten in der Regel nicht das ganze Stimmrepertoire umfassen können. Auch hier können flotte Werbesprüche nicht immer alles halten was sie zu versprechen scheinen.

Vögel kann man zu jeder **Jahreszeit** beobachten. Für den Beginn sind am schwierigsten Spätsommer und Herbst, weil jetzt viele Vögel mausern und daher recht zerrupft aussehen können. Außerdem tragen die meisten Jugend- oder Schlichtkleider und machen sich auch sonst wenig bemerkbar. Am günstigsten ist der Winter für einen Einstieg, denn kahle Laubbäume geben die Sicht frei, Futterstellen und Parkgewässer bringen uns manche Arten viel näher als zu anderen Jahreszeiten. Zudem ist die Zahl der verschiedenen Arten geringer als im Sommer und man kann sich deshalb mit weniger Mühe einarbeiten. An sonnigen Spätwinter- und Vorfrühlingstagen beginnen einige Arten allmählich schon zu singen, sodass man sich leichter als bei vollem Vogelkonzert im April und Mai Stimmen einprägen kann.

Die beste **Tageszeit** für die Vogelbeobachtung ist der frühe Morgen. Dann ist nicht nur der Gesang am lebhaftesten, sondern auch der Lärm der menschlichen Umgebung am geringsten. Auch in den Abendstunden lebt vor allem im Frühjahr der Gesang wieder auf.

Es reicht aus, sich zunächst einmal auf die Vögel der nächsten Umgebung zu konzentrieren. Man wird erstaunt sein, wie viele verschiedene Arten gewissermaßen vor der Haustüre zu sehen und zu hören sind und wie viele unterschiedliche Aufgaben der Identifizierung einzelne Arten stellen. Erst wenn man sich in vertrauten Lebensräumen, wie dem Stadtpark, im nahen Wald oder auf Grünland und in Feldgehölzen mit den wichtigsten Vogelgestalten vertraut gemacht hat, wird man mit Erfolg auch neue Arten in anderen Lebensräumen oder in fernen Gebieten (z.B. Alpen, Meeresküsten) erkennen. Mehrere Jahre muss man rechnen, bis man das Repertoire der heimischen Vogelwelt mit Auge und Ohr beherrscht. Schon in wenigen Wochen kann man mit dem Artenspektrum der heimischen Umgebung vertraut sein. Neuigkeiten entdeckt man aber auch hier oft erst im Lauf der Jahre.

Wie findet man eine Vogelart in diesem Buch?

Nicht alle, aber alle dem Namen nach einer größeren Öffentlichkeit bekannten Vogelarten und alle, die zwar weniger bekannt sind, denen man aber in der mitteleuropäischen Kulturlandschaft regelmäßig begegnen kann, sind in diesem Buch abgebildet und beschrieben. Die Auswahl ist so getroffen, dass sie vor allem Einsteigern hilft, leichter ans Ziel der Bestimmung zu kommen. Was vor dem Haus, im Garten oder auf Spaziergängen und am Ferienort in Deutschland, Österreich und der Schweiz an Vögeln zu sehen sein wird, ist abgebildet und beschrieben. Aber Bilder und Beschreibungen allein beantworten nicht alle Fragen, wenn man nur durchblättert und dabei auch manchmal eine wichtige Information übersieht.

Außerdem sollte es möglich sein, beobachtete Einzelheiten zu überprüfen.

Beim Arbeiten mit diesem Buch muss als erstes entschieden werden, zu welcher der Hauptgruppen eine beobachtete Art gehört. Die Gruppen werden durch das Symbol eines typischen Vertreters sowie eine Leitfarbe gekennzeichnet. Man beachte aber, dass nicht alle zu einer Gruppe gehörenden Arten exakt dieser Unrissdarstellung entsprechen müssen (vgl. den folgenden Abschnitt). Bei den einzelnen Artbeschreibungen innerhalb einer Gruppe führt der 3er-Check zur raschen Überprüfung der Beobachtung. Jeder Check trifft nur für eine Art zu.

Die Artbeschreibungen nennen neben deutschem und wissenschaftlichem Artnamen auch den Gefährdungsgrad gemäß der Roten Liste für Deutschland, falls die beschriebene Art dort verzeichnet ist. Dabei bedeuten RL 1 = vom Aussterben bedroht, RL 2 = stark gefährdet, RL 3 = gefährdet, RL R = Arten mit sehr kleinem Brutgebiet in Deutschland und RL V = Vorwarnliste (vgl. auch S. 17). Die anschließenden Texte geben weitere Hinweise, insbesondere auf Stimme, Verhalten, und informieren vor allem, wann und wo ein Vogel am ehesten zu beobachten ist.

Vogelgruppen

Die Vogelgruppen in diesem Buch fassen jeweils sehr unterschiedliche Vögel zusammen, die man aber an Hand einiger Eigenschaften einer Gruppe zuordnen kann, ohne dass man die zoologische Klassifikation beherrschen muss. In dieser Gliederung für die Praxis sind daher oft auch Angehöriger mehrerer zoologischer Familien zusammengefasst, wenn Ähnlichkeiten dies sinnvoll machten.

Die Vogelgruppen und ihre Arten im Überblick:

Tauchvögel: Wasservögel sehr verschiedener Größe, aber meist mit schlanker Gestalt, und anders als Enten mit einem spitzen Schnabel. Sie erbeuten ihre Nahrung (meist Fische) durch Tauchen und können oft erstaunlich lang unter Wasser bleiben. Vorwiegend Binnenlandvögel sind Zwergtaucher bis Schwarzhalstaucher (Familie Lappentaucher, Podicipedidae) und Gänsesäger (Familie Entenvögel, Anatidae). Am Meer und im Binnenland leben Kormorane (Familie Kormorane, Phalacrocoracidae); reine Meeresvögel sind Trottellumme (Familie Alken, Alcidae) und Basstölpel (Familie Tölpel, Sulidae).

Langbeinige Schreitvögel: Meist große Vögel mit langen Beinen und oft langen Hälsen; die meisten haben auch einen relativ langen Schnabel. Unter dieser Gruppe zusammengefasst sind Reiher und Rohrdommel (Familie Reiher, Ardeidae), Störche (Familie Störche, Ciconiidae) und Kranich (Familie Kraniche, Gruidae).

Schwäne, Gänse, Enten: Schwimmvögel, von denen einige auch tauchen können und die Gänse oft an Land weiden. Die Jungen aller Arten sind Nestflüchter. Die hier zusammengefassten Arten zählen alle zur Familie der Entenvögel (Anatidae).

Greifvögel: Mittelgroße bis sehr große Wirbeltierjäger mit Hakenschnabel und kräftigen Füßen, die ihre Beute meist selbst jagen und daher ausgezeichnete Flieger sind. Die meisten zählen zur Familie der Habichtartigen (Accipitridae), kleinere schlanke Arten zu den Falken (Falconidae). Eine eigene Familie bildet der Fischadler (Pandionidae).

Hühnerähnliche Vögel: Die eigentlichen Hühner (Familie Hühnervögel, Phasianidae) sind kleine bis große Bodenvögel mit kräftigen Beinen und kurzen, kräftigen Schnäbeln. In ihrer Nahrung überwiegen Pflanzenteile. Bis auf die Wachtel sind alle Standvögel. Zur Familie der Rallen (Rallidae) zählen kleine bis mittelgroße hühnerähnliche Vögel, die auf dem Wasser schwimmen (Teichhhuhn, Blässhuhn) oder versteckt am Wasser und in Feuchtgebieten leben (Wasserralle, Wachtelkönig).

Watvögel: Kleine bis mittelgroße Vögel, meist relativ langbeinig, mit kurzem (Regenpfeifer) oder längerem (Schnepfenvögel) Schnabel, die meist an Küsten, Ufern oder in Feuchtgebieten leben, aber auch auf kurzrasigen Wiesen brüten. Die Jungen sind Nestflüchter. Austernfischer und Säbelschnäbler stehen je in einer eigenen Familie (Haematopodidae und Recurvirostridae); weitere Familien bilden Kiebitz und Regenpfeifer (Familie Regenpfeifer, Charadriidae), Brachvogel, Schnepfen, Wasser- und Strandläufer (Familie Schnepfenvögel, Scolopacidae).

Möwen und Seeschwalben: Elegante mittelgroße bis große Flieger auf meist breiteren (Familie Möwen, Laridae) oder spitz zulaufenden schlanken Flügeln (Familie Seeschwalben, Sternidae); die Altvögel sind überwiegend weiß oder grau mit schwarzen Abzeichen. Viele Arten sind vor allem Küstenvögel, einige leben häufig an Binnengewässern, im Winter auch in Städten und an Futterplätzen.

Tauben: Mittelgroße kompakte Vögel mit meist kleinem Kopf und raschem, geradlinigen Flug mit schnellen, kräftigen Flügelschlägen; meist Pflanzen- und Körnerfresser. Alle Arten zählen zu einer Familie Tauben (Columbidae).

Eulen: Überwiegend nachtaktive, meist mittelgroße bis große Beutegreifer mit meist großen, nach vorne gerichteten Augen, kräftigem Kopf und Hakenschnabel ähnlich wie Greifvögel. Gesänge spielen oft eine große Rolle. Eiablage in Felsen, Höhlen oder Zweignestern, die aber nicht selbst gebaut werden. Bis auf die Schleiereule (Familie Schleiereulen, Tytonidae) zählen alle zur Familie Eulen (Strigidae).

Stammkletterer: Kleine bis mittelgroße Vögel, die an senkrechten Baumstämmen klettern und sogar mit dem Rücken nach unten an Ästen hängen können. Die Familie der Spechte (Picidae) besteht aus Vögeln mit meist kräftigen Schnäbeln, kurzen Beinen und kräftigen Zehen. Beim Klettern stützen sich die Vögel auf den Schwanz. Baumläufer sind zwei sehr kleine, rindenfarbige Singvögel (Familie Baumläufer, Certhiidae). Der gedrungene Kleiber (Familie Kleiber, Sittidae), auch ein Singvogel, klettert ohne Stützschwanz.

Luftjäger: Kleine, einander ähnliche Vögel mit schlanken, langen Flügeln, die man am häufigsten in der Luft bei der Insektenjagd sieht. Der größte ist der Mauersegler, der nicht zu den Singvögeln gehört (Familie Segler, Apodidae). Die Schwalben (Familie Schwalben, Hirundinidae) sind dagegen Singvögel.

Kleine Bodenvögel: Kleine Singvögel, die hauptsächlich auf dem Boden laufen. Viele von ihnen sind oberseits tarnfarbig und nicht leicht zu bestimmen. Als vorwiegende Kleintierjäger haben sie meist schlanke Schnäbel. Im Frühjahr führen die Männchen mehrerer Arten einen Singflug aus. Lerchen (Familie Lerchen, Alaudidae) sowie Pieper und Stelzen (Familie Stelzen, Motacillidae) gehören zu dieser Gruppe.

Drosselähnliche Vögel: Kräftige Singvögel, die in der Größe etwa mit einer Amsel zu vergleichen sind und häufig ihre Nahrung auf dem Boden suchen, wie die Drosseln (Familie Drosseln, Turdidae) und die Stare (Familie Stare, Sturnidae). Etwa drosselgroße Sondergestalten sind Wasseramsel (Familie Wasseramseln, Cinclidae) und Seidenschwanz (Familie Seidenschwänze, Bombycillidae).

Kleine Insektenjäger: Kleine, meist schlanke und zarte Singvögel mit feinem Pinzettenschnabel, die vorwiegend in Büschen und Bäumen leben und meist Zugvögel sind. Die meisten zählen zur Familie der Zweigsänger (Sylviidae), wie Grasmücken, Laubsänger, Rohrsänger und Spötter, und der Drosseln (Turdidae), wie die »Kehlchen«, Steinschmätzer, Nachtigall und Rotschwänze. Weitere Familien sind Zaunkönige (Familie Troglodytidae), Braunellen (Prunellidae), Fliegenschnäpper (Muscicapidae) und Goldhähnchen (Regulidae).

Meisen: Kleine, kurzschnäbelige und lebhafte Singvögel, die meist in Höhlen brüten. Die meisten bilden eine eigene Familie Meisen (Paridae). Die in Aussehen und Lebensweise abweichende Schwanzmeise steht in einer eigenen Familie (Schwanzmeisen, Aegithalidae) ebenso wie die Beutelmeise (Familie Beutelmeisen, Remizidae).

Rabenvögel: Mittelgroße bis große Singvögel, mit kräftigen Beinen und kräftigem Schnabel, die sich z.T. sehr vielseitig ernähren. Ausgesprochener Gesang ist meist nicht zu hören. Die meisten Arten sind grau und schwarz, andere auffallend bunt oder lebhaft gezeichnet. Alle Arten zählen zur Familie der Rabenvögel (Corvidae).

Körnerfresser: Kleine, aber meist gedrungen wirkende Singvögel mit Kegelschnabel, dessen Basis deutlich breiter ist als der Spitzenteil. Hierzu zählen die Familie Sperlinge (Passeridae), Finken (Fringillidae) und Ammern (Emberizidae).

Besondere Vogelgestalten: Manche Vogelarten sind in Aussehen und Lebensweise nicht mit anderen vergleichbar und daher auch nicht mit ihnen zusammen in Gruppen zu stellen. Einige von ihnen gehören zu Familien, deren Arten meist in anderen Klimazonen beheimatet sind. Das gilt z.B. für den Eisvogel (Familie Eisvögel, Alcedinidae) und den Pirol (Familie Pirole, Oriolidae), die jeweils die einzigen Vertreter ihrer jeweiligen Familie in Mitteleuropa sind. Auch der Kuckuck ist in Mitteleuropa ein ausgesprochener Einzelgänger (Familie Kuckucke, Cuculidae); fast alle weiteren Arten leben in warmen Zonen. Der Wendehals zählt zwar zur Familie der Spechte (Picidae), weicht aber in Aussehen und Lebensweise ganz erheblich von den anderen Arten ab; er zimmert sich z.B. seine Bruthöhle nicht selbst und ist Langstreckenzieher. Die Würger (Familie Würger, Laniidae) sind kräftige Singvögel, die von größeren Insekten leben und auch kleine Wirbeltiere erbeuten können. Ihr starker Schnabel ist an der Spitze hakenförmig gekrümmt. Die meisten Würgerarten leben in wärmeren Gebieten. Der Wiedehopf ist auch weltweit einmalig und bildet für sich eine eigene Familie (Familie Hopfe, Upupidae). Der Halsbandsittich ist ein Mitglied der großen Familie der Papageien (Psittacidae), aber nicht ursprünglich bei uns heimisch.

Bestimmungshilfe 3er-Check

Wenn man einen Vogel zu Gesicht bekommt und im Vogelbestimmen noch keine Übung hat, stürmen viele Eindrücke auf den Beobachter ein. Welches sind die wichtigsten Merkmale, an denen man nachher die Art im Buch wieder erkennen kann? Auf welche Einzelheiten ist zu achten? Mit »klein« und »braun« und »in einem Busch sitzend mit lauten Rufen« lässt sich wenig anfangen. Auch scheinbar gut erkannte Einzelheiten erweisen sich im Nachhinein oft als wenig nützlich, wenn sie auch für andere Arten zutreffen. Waren die dunklen Vögel Saatkrähen, Rabenkrähen oder Dohlen? Oft ist auch einfach die Zeit zu kurz, um alles abzuchecken.

1. Konzentration auf das Wesentliche: Natürlich erkennt man eine Kohlmeise an ihrem schwarz-weißen Kopf sehr leicht. Aber was ist, wenn die kleinere Tannenmeise ebenfalls mit einem schwarzen Kopf und weißen Backen ans Futterhaus kommt? Und da ist dann noch die Sumpfmeise, die zwar nur einen schwarzen Oberkopf hat und auch sonst anders gefärbt ist, aber in der Eile hat man vielleicht nicht genau genug hingesehen, weil die Vögel sich so behende bewegen oder manche Details schwer zu erkennen sind. Außerdem hat man nicht immer alle wesentlichen Unterscheidungsmerkmale im Kopf, besonders wenn man einen Vogel zum ersten Mal sieht und man sich erst langsam in das verwirrende Angebot von verschiedenen Arten einarbeiten muss. Hier kann der in diesem Buch angebotene 3er-Check weiter helfen.

Jede Vogelart kann durch eine einmalige Kombination von maximal 3 Merkmalen von jeder anderen unterschieden werden.

Jede Textaussage wird in einem Bild illustriert, sodass auch der Anfänger keine Probleme hat zu erkennen, worauf er achten muss. Wenn alle Angaben des 3er-Checks zutreffen, kann man sicher sein, dass es sich um die betreffende Vogelart handelt. Wenige Arten sind so ungewöhnlich, dass sie schon durch die Kombination von 2 Merkmalen unverwechselbar gekennzeichnet sind, etwa der Austernfischer oder das Rotkehlchen. In solchen Fällen gibt es einen »2er-Check«.
In ganz wenige Fällen stehen noch sehr ähnliche Arten, die auch der erfahrene Vogelkenner nicht immer einwandfrei voneinander trennen kann, zur Auswahl. Aber in solchen schwierigen Situationen kann es durchaus genügen, wenn wir wissen, dass es sich um eine der beiden sehr ähnlichen Arten handeln muss. Der 3er-Check sagt dann auch, dass noch die Stimme zur sicheren Artbestimmung nötig ist. Wenn man keinen Laut gehört hat, ist eben auch eine zweifelsfreie Entscheidung nicht möglich. Sumpfrohrsänger/Teichrohrsänger, Zilpzalp/Fitis, Nachtigall/Sprosser, Wald- und Gartenbaumläufer – es sind nur wenige Vogelpaare, die große Schwierigkeiten bei der Unterscheidung bereiten.

2. Rasche Vergleichsmöglichkeit: Falls man das Buch einstecken hat, kann ein schneller Blick auf den 3er-Check auch die Beobachtung des noch nicht sicher bestimmen Vogels präzisieren. Es ist vielleicht gar nicht so wichtig, unbedingt das Rückengefieder gut sehen zu müssen, wenn ein Blick auf die Beine oder den Kopf genügt, um die Art zu bestimmen. Viele der Angaben im 3er-Check lassen sich auch bei ungünstigen Beobachtungsbedingungen rasch überprüfen und im Wiederholungsfall wird die Diagnose immer sicherer.

3. Gezielte Vorbereitung: Falls man bei der Beobachtung nicht richtig auf die maßgebenden Merkmale geachtet hat, erfährt man auf einen Blick, wo man das nächste Mal genau hinsehen muss, um arttypische Merkmale zu finden.

4. Fehlende Informationen lassen sich ebenfalls klar ermitteln. Wenn der Vogel zu weit weg war oder ungünstig im Dunkeln saß, um alle artkennzeichnende Merkmale zu erkennen, kann man eben nicht von einer sicheren Bestimmung sprechen, aber vielleicht wenigstens von einer Vermutung. Vielleicht wird bei späteren Beobachtungen der gleichen Vögel, bei denen sich die Lücken ergänzen lassen, die Vermutung zur Gewissheit. Man braucht dann möglicherweise nur noch einige wenige Informationen, um zum Ziel zu kommen.

Ergänzende Angaben im Text

Bei allen Arten ist der dem 3er-Check folgende Text in gleicher Weise in Stichwörter gegliedert, sodass man sich nicht nur schnell zurechtfinden kann, sondern auch unmittelbare Vergleiche mit anderen Arten erleichtert werden.

Unter dem Stichwort **Merkmale** finden sich im Text meist noch weitere Hinweise, insbesondere auf Größe und Gestalt des Vogels oder Vergleiche mit ähnlichen Arten. Auch sind hier Angaben darüber zu finden, wenn manche auffällige Merkmale nur zu bestimmten Jahreszeiten oder nur bei einem Geschlecht zu sehen sind. Über Fragen verschiedener Federkleider im Jahreslauf kann man sich kurz informieren, ebenso ob bei einer Art Männchen und Weibchen unterschiedlich aussehen oder nicht. Auf Einzelheiten, die in einem Bild nicht dargestellt werden können, machen Stichwörter aufmerksam.

Das Stichwort **Stimme** fasst kurz die Lautäußerungen zusammen und weist auch darauf hin, ob man den betreffenden Vogel häufig hören kann oder nicht. Neben dem Gesang spielen Rufe oft eine große Rolle. Die Beschreibung der Lautäußerungen mit Silben kann natürlich nur einen sehr groben Anhaltspunkt bieten, denn jeder hört etwas anderes heraus. Wichtig sind daher auch die beschreibenden zusätzlichen Angaben, ob es sich z.B. um eine lange Strophe handelt, ob die Töne hoch sind und/oder in schneller Folge vorgetragen werden oder ob vielleicht rhythmische Gliederungen erkennbar sind. Vergleiche mit den Angaben bei anderen bereits bekannten Arten können weiterhelfen. Oft unterscheiden sich gerade optisch sehr ähnliche Arten durch ihre Lautäußerungen.

Körper- und Gefiederteile eines Vogels

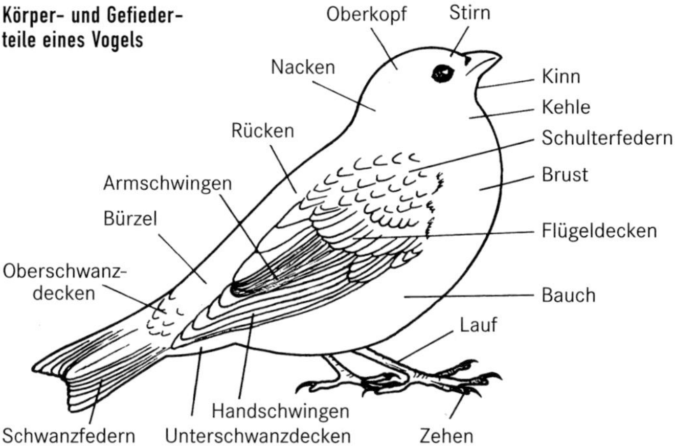

Unter dem Stichwort **Vorkommen** kann man sich kurz informieren, in welchen Lebensräumen man am ehesten auf die in Frage kommende Vogelart treffen kann. Dabei ist allerdings zu bedenken, dass viele Vogelarten durchaus in unterschiedlichen Landschaften und Biotopen vorkommen, vor allem auch zu unterschiedlichen Jahreszeiten. Wichtig ist weiterhin die Angabe, ob es sich um Jahres- oder Sommervögel (also Zugvögel) oder Wintergäste handelt. Eine Weihe im Winter ist z.B. in der Regel eine Kornweihe. Die sehr ähnliche Wiesenweihe fällt dann als Alternative aus.

Geographische Angaben zu Verbreitung und Häufigkeit beziehen sich immer auf Mitteleuropa. Unter diesem Begriff sind hier Deutschland und die angrenzenden Gebiete der Nachbarländer verstanden. Oft sind seltene Brutvögel in Mitteleuropa als Gäste aus anderen Gebieten zu den Zugzeiten wesentlich häufiger und regelmäßiger zu sehen. Auch das ist dort, wo für die Praxis wichtig, vermerkt. Aus der Angabe über die Winterquartiere kann man ersehen, ob es sich um einen Lang- oder Kurzstreckenzieher handelt. Bei letzteren ist es durchaus möglich, dass man gelegentlich einmal auch ein Individuum in den Wintermonaten sieht. Einzelne Hausrotschwänze, Zilpzalpe oder Bachstelzen sind z.B. im Winter immer wieder einmal zu sehen.

Ein paar Hinweise zum Verhalten und zur Brutbiologie unter dem Stichwort **Lebensweise** bieten Möglichkeiten, eigene Beobachtungen zu interpretieren und auch mit der Vogelart durch ein paar Angaben zum Hintergrundwissen besser vertraut zu werden. Wenn ein kleiner grauer Singvogel immer wieder für eine kurze Flugrunde vom Sitzplatz auffliegt, liegt der Verdacht auf Grauschnäpper nahe. Wenn Kiebitze eifrig rufend um uns herum fliegen, haben sie Junge, die sich als Nestflüchter irgendwo an den Boden drücken und so gut wie nicht zu sehen sind. Da heißt es dann möglichst rasch den Ort zu verlassen, um den Nachwuchs nicht zu gefährden. Kleine Hinweise können helfen, schneller eigene Erfahrungen zu gewinnen.

Am häufigsten beobachtet man Vögel bei der Nahrungssuche, sodass viele Eigenheiten des artspezifischen Verhaltens damit zusammenhängen. Die Nahrung eines Vogels sagt auch manches über sein Aussehen. So ist die Form des Schnabels oft sehr auffällig an die Ernährung angepasst. Angaben über die Nahrung können also wichtige Hinweise zur Interpretation eigener Beobachtungen geben.

Die **Monatsleiste** unten an jeder Seite gibt auf einen Blick Aufschluss darüber, wann ein Vogel in Mitteleuropa anzutreffen (blaue Kennfarbe) und wann bei den Brutvögeln die Brutzeit anzusetzen ist (rote Markierung). Unter Brutzeit ist hier die Zeit von der Eiablage bis zum Selbstständigwerden der Jungen zu verstehen. Auch an einem Ort brüten nicht alle Vogelpaare genau gleichzeitig und zwischen Nord und Süd oder zwischen Bergland und Tiefland und nicht zuletzt in unterschiedlichen Jahren ergeben sich Streuungen der Bruttermine. Die auf der Liste angegebene Zeit bezieht sich also nicht auf die Dauer einer einzelnen Brutphase, sondern gibt an, wann bei uns mit brütenden und Junge fütternden Vögeln zu rechnen ist. In dieser Zeit sind Vögel besonders empfindlich gegenüber Störungen.

Literatur, die den Einsteiger weiter führt

Barthel, P. H., & P. Dougalis (2006): Was fliegt denn da? Kosmos-Verlag, Stuttgart.
Das reich bebilderte, kompakte Taschenbuch über alle Vögel Europas

Bezzel, E. (2006): BLV Handbuch Vögel. BLV Buchverlag, München.
Das kompakte Handbuch und Nachschlagewerk über einheimische Vögel für jedermann mit vielen Fotos und Farbzeichnungen

Bezzel, E. (2002): Vögel beobachten. BLV-Verlag, München.
Umfassende Einführung in das Vogelbeobachten und das Leben der Vögel um uns

Bezzel, E. (2007): Vögel im Jahreslauf. BLV Buchverlag, München.
Die Jahreszeiten und ihre Vogelwelt in den wichtigsten Lebensräumen der Kulturlandschaft mit vielen Beobachtungstipps

Kightley, C., S. Madge & D. Narney (1999): Taschenführer Vögel. BLV-Verlag, München.
Handliches Taschenbuch mit zahlreichen Zeichnungen der Vögel Mittel- und Nordwesteuropas

Lohmann, M. (2007): Vogelparadies Garten. BLV-Verlag, München.
Alles über Gartenvögel auf aktuellem Stand

Schulze, A. & K-H. Dingler (2007): Die Vogelstimmen Europas, Nordafrikas und Vorderasiens. Musikverlag Edition Ample, Germering.
Gesänge und Rufe von 819 Vogelarten auf 2 MP3-Discs und Begleitheft in 3 Sprachen

Svenson, L., P. J. Grant, K. Mullarney & D. Zetterström (1999): Der neue Kosmos-Vogelführer. Kosmos-Verlag, Stuttgart.
Das ausführlichste Taschenbuch aller Vögel Europas, Nordafrikas und Vorderasiens

DER FALKE, Das Journal für Vogelbeobachter. AULA Verlag, Wiebelsheim.
Die umfassendste und am reichsten bebilderte monatliche Fachzeitschrift in deutscher Sprache für Vogelbeobachter vom Einsteiger bis zum Feldornithologen

Adressen

Ala, Schweizerische Gesellschaft für Vogelkunde und Vogelschutz, Breitestr. 22, CH-5015 Niedererlinsbach, sekretariat@ala-schweiz.ch www.ala-schweiz.ch

BirdLife Österreich, Gesellschaft für Vogelkunde, Naturhistorisches Museum, Museumsplatz 1/10/8, A-1070 Wien.
Fax 0043/1/ 5247040
birdlife@blackbox.net

Deutscher Rat für Vogelschutz, Vogelwarte Radolfzell, D-78315 Radolfzell bauer@orn.mpg.de

Landesbund für Vogelschutz in Bayern e. V., Eisvogelweg 1, D-91161 Hilpoltstein. Tel. 09174/4775-0, Fax 4775-75

Naturschutzbund Deutschland, Bundesgeschäftsstelle, 10108 Berlin, Postfach, Tel. 030/284984-0 | Fax - 2000, E-Mail: NABU@NABU.de, www.nabu.de

Zwergtaucher *Tachybaptus ruficollis* RL V

3er-Check

1. Kopf rundlich, Schnabel kräftig, Hinterende gerundet
2. Im Sommer rotbraun, mit hellem Schnabelwinkel
3. Im Winter schlicht braun, dunkle Kappe.

Merkmale: Kleinster einheimischer Tauchvogel, viel kleiner als Ente, könnte aber mit Entenküken verwechselt werden. Männchen und Weibchen sind gleich gefärbt. Bei Gefahr verschlankt sich der Körper und ist oft weitgehend im Wasser untergetaucht.

Stimme: Vor allem im Winter hoch und meist zweisilbig »bib bib«, nicht laut. Im Brutrevier weithin hörbare hohe Triller, die etwas abfallen, wie »bibibibibi...« (ganz schnell) und manchmal zweistimmig klingen.

Vorkommen: Nicht seltener Jahresvogel auf stehenden Gewässern, auch in kleinen Teichen und Tümpeln, sofern Ufervegetation vorhanden ist. Im Winter auch auf langsam fließenden Flüssen und auf Parkteichen. Hält sich aber etwas abseits der Futterstellen.

Lebensweise: Lebt im Sommer sehr versteckt in der Seichtwasservegetation und ist dann schwer zu sehen; im Winter nicht selten auf offenem Wasser. Taucht häufig. Das Nest schwimmt auf dem Wasser und ist in der Ufervegetation versteckt. Die Nahrung besteht hauptsächlich aus Wasserinsekten, kleinen Weich- und Krebstieren, Kaulquappen und kleinen Fischchen.

J	F	M	A	M	J	J	A	S	O	N	D

Haubentaucher

Podiceps cristatus

1

2

3

3er-Check

1 Langer schlanker Hals

2 Langer, spitzer Schnabel

3 Haube, wenigstens angedeutet

Merkmale: Im Sommer mit dunkler Haube und braun-schwarzem Halskragen, im Winter weißer Hals und dunkle Kopfkappe mit eckigem Hinterkopf. Oft leuchten die weißen Gefiederteile weit. Männchen und Weibchen sind gleich gefärbt. Jungvögel sind schwarz gestreift. Im Flug auffallend langgestreckt.

Stimme: Im Frühjahr und Frühsommer bei der Balz laut »kraa-örr«, im Sommer auch lautes »keck keck keck...«. Die Jungen betteln mit weithin hörbaren hellen Pfiffen »piie piie...«.

Vorkommen: Auf größeren stehenden Binnengewässern meist Jahresvogel, im Winter aber oft seltener; an manchen eisfreien Stellen nur Wintergast; auch auf dem Meer in Küstennähe.

Lebensweise: Taucht nach kleinen bis mittelgroßen Fischen (vor allem Weißfische), fängt auch andere Wassertiere wie Kaulquappen, Frösche usw. Auffallende Balzspiele von Paaren im Frühjahr auf dem Wasser (abwechselndes Kopfschütteln bei gesträubter Haube, Körper richten sich aus dem Wasser auf). Nest auf dem Wasser schwimmend im Schilf. Beide Eltern kümmern sich um die nestflüchtenden Jungen.

J	F	M	A	M	J	J	A	S	O	N	D

Rothalstaucher *Podiceps grisegena* RL V

3er-Check

1. Hals kürzer und dicker als Haubentaucher
2. Keine auffällige Haube (hier Schlichtkleid)
3. Im Pracht- und Jugendkleid roter Hals

Merkmale: Etwas kleiner und gedrungener, Schnabel kräftiger und kürzer als Haubentaucher. Im Schlichtkleid ist kein Rot zu sehen; Hals weißlich und grau, keine scharfen Kontraste zwischen Schwarz und Weiß an Kopf und Hals. Männchen und Weibchen sind gleich gefärbt.

Stimme: Zur Brutzeit laut »gahrk...« und langgezogen wiehernd und quiekend bei der Balz. Die Jungen betteln hoch »bibibi...«.

Vorkommen: Brutvogel auf Binnengewässern im Nordosten Mitteleuropas; fehlt im Westen und Süden. Brütet meist auf kleineren und stärker bewachsenen Seen als Haubentaucher. Im Winter meist auf großen Seen, die meisten überwintern in Westeuropa.

Lebensweise: Taucht nach kleinen bis mittelgroßen Fischen, nimmt aber auch Wasserinsekten, Krebstiere, Weichtiere. Die Balzspiele sind ähnlich wie beim Haubentaucher. Das Nest schwimmt auf dem Wasser in der Ufervegetation versteckt oder frei am Außenrand der Ufervegetation, meist an Halmen verankert. Die Jungen werden mindestens die erste Woche auf dem Rücken getragen. Erst nach 8-10 Wochen löst sich die Familie auf.

J	F	M	A	M	J	J	A	S	O	N	D

RL V *Podiceps nigricollis* **Schwarzhalstaucher**

3er-Check

1. Kurzer Körper mit »hohem« Heck
2. Relativ dicker Kopf mit steiler Stirn
3. Unterschnabel zur Spitze hin deutlich abgeschrägt

Merkmale: Etwas größer als Zwergtaucher. Im Prachtkleid schwarzer Hals und rotbraune Flanken, gelbes Ohrbüschel. Im Schlichtkleid schwarz-weiß. Männchen und Weibchen sind gleich gefärbt.

Stimme: Zur Brutzeit und im Sommer leise ansteigender Pfiffe wie »püii« oder »wüi bibib« oder auch tiefere Triller.

Vorkommen: Brutvogel in meist kleineren und flachen Binnengewässern mit gut ausgebildeter Ufer- und Schwimmvegetation, oft in kleinen Kolonien oder dicht neben Kolonien der Lachmöwe. Im Winter nur selten, meist auf größeren Binnengewässern; die meisten überwintern in Süd- und Westeuropa.

Lebensweise: Die Nahrung besteht nur zu geringem Teil aus kleinen Fischen; Wasserinsekten, kleine Krebstiere (»Wasserflöhe«) und Weichtiere spielen eine wichtige Rolle. Die Nester sind meist kleine Haufen aus Wasserpflanzen, überwiegend auf dem Wasser zwischen Binsen, Schilf oder Seggen verankert, aber auch in Pflanzenbüscheln. Die Jungen werden in den ersten Tagen auf dem Rücken getragen; nach einiger Zeit teilt sich häufig die Familie: Jeder Altvogel führt einige Junge.

J	F	M	A	M	J	J	A	S	O	N	D

Kormoran *Phalacrocorax carbo* RL V

3er-Check

1 Schwimmt mit geradem Hals und aufwärts gerichtetem Schnabel

2 Langer, kräftiger Hakenschnabel

3 Im Sitzen steil aufgerichtet, oft Flügel ausgebreitet

Merkmale: Viel größer als eine Ente. Kopfprofil keilförmig und kantig. Im Frühjahr sind Kopf und Hals oft mit feinen weißen Federn besetzt. Jungvögel mit heller Unterseite. Beim Schwimmen ragt der Körper meist nur flach aus dem Wasser. Im Flug ist der Hals ausgestreckt, Flugbild kreuzförmig mit kürzerem Hinterende. Männchen und Weibchen sind gleich gefärbt.

Stimme: Tiefe Kehllaute, aber nur an Brutkolonien zu hören.

Vorkommen: Verbreitet auf größeren Binnengewässern, auch an der Küste und auf dem Meer, oft in kleineren und größeren Trupps. Im Binnenland zwar häufig zu sehen, vor allem im Herbst, aber nur an wenigen Stellen sind das auch Brutvögel.

Lebensweise: Taucht nach Fischen. Da im Wasser das Gefieder durchnässt, trocknen sich Kormorane im Sitzen und breiten dazu auch oft die Flügel aus (»Adlerpose«). Brütet in Kolonien auf Bäumen, an der Küste auch auf Felsen. Der Kot der Jungvögel kann Brutbäume zum Absterben bringen.

J	F	M	A	M	J	J	A	S	O	N	D

RL R

Uria aalge Trottellumme

1

2

3

3er-Check

1 Sitzt aufrecht an Meeresfelsen

2 Im Wasser kurzhalsig, Oberseite dunkel

3 Schnabel spitz

Merkmale: Schwarz-weißer Tauchvogel, den man aber meistens nur an den Brutfelsen sieht. Im Sommer Kopf und Hals dunkel; im Winter Gesicht und Vorderhals weiß, nur Oberkopf schwarz. Männchen und Weibchen sind gleich gefärbt.

Stimme: Nur an den Brutkolonien zu hören. Nasale Rufreihen, wie »ha ha ha...«, aber auch regelrechtes Brüllen und stöhnende Laute.

Vorkommen: Reiner Meeresvogel, fehlt im Binnenland. Viele Brutkolonien an Felsen der Küsten des Nordatlantik, vor allem in Norwegen und um Großbritannien. In Deutschland nur eine Brutkolonie auf Helgoland.

Lebensweise: Erst mit etwa 5 Jahren kommen die Vögel zur Brut. Das sehr variabel gefärbte und gezeichnete Ei wird auf Felssimse und Felsvorsprünge gelegt. Die Jungen springen im Alter von etwa 20 Tagen ins Meer (»Lummensprung«) und die Eltern führen das Junge dann aufs Meer und betreuen es noch eine Zeit lang. An den Brutplätzen also nur etwa von Mai bis Anfang Juli zu sehen; sonst in Küstennähe oder im Umkreis von Helgoland oder in der Ostsee.

J	F	M	A	M	J	J	A	S	O	N	D

Basstölpel *Sula bassana* RL R

3er-Check

1. Lange Flügel mit schwarzen Spitzen; torpedoförmiger Körper
2. Jüngere Vögel mit unterschiedlichen dunkelbraunen Gefiederpartien
3. Langer kräftiger Schnabel

Merkmale: Flügelspannweite größer als die der größten Möwe. Fliegt mit flachen Flügelschlägen und kurzen Gleitstrecken. Stürzt aus größerer Höhe ins Wasser, wobei kurz vor dem Eintauchen die Flügel nach hinten gestreckt und angelegt werden. Männchen und Weibchen sehen gleich aus.

Stimme: Nur in Brutkolonien raue Rufe zu hören.

Vorkommen: Meeresvogel. In Mitteleuropa nur auf Helgoland Brutvogel. Auch im Winter da, doch seltener, da viele Vögel ins Mittelmeer und bis Westafrika ziehen.

Lebensweise: Basstölpel sind ausgesprochene Stoßtaucher, die aus 30-40 m Höhe im Steilstoß bis über 3 m tief ins Wasser eintauchen können und dann durch Unterwasserschwimmen unter Einsatz der Flügel noch tiefer tauchen. Die Nahrung besteht so gut wie ausschließlich aus Fischen. Es dauert mehrere Jahre, bis die Vögel das erste Mal brüten, daher sieht man verschiedene Stadien noch nicht ausgefärbter Vögel. Die nur mit wenig Material ausgepolsterten Nester stehen dicht nebeneinander in Kolonien auf Felsen und kleinen Inseln (berühmt der namengebende Bass Rock in Schottland).

J	F	M	A	M	J	J	A	S	O	N	D

RL 3 *Mergus merganser*

Gänsesäger

3er-Check

1. Schlanker als Ente, Männchen dunkelgrüner Kopf und weiße Seiten
2. Weibchen grau mit braunem Kopf
3. Dünner, langer Sägeschnabel mit kleinem Haken an der Spitze

Merkmale: Etwas größer als Stockente. Mit stromlinienförmigem Körper liegen die Vögel beim Schwimmen tief im Wasser; die Männchen im Prachtkleid leuchten weit. Durch die Nackenfedern wirkt der Kopf bei Weibchen und Männchen dick. Von Juli bis in den Spätherbst sehen die Männchen wie Weibchen aus.

Stimme: Wenig zu hören. Bei der Balz tiefe Laute des Männchens. Weibchen Rufreihen wie »karr karr...«.

Vorkommen: Brutvogel an Flüssen und Seen in den Alpen und im Voralpenland sowie von Norddeutschland bis Nordeuropa. Nordische Vögel als Wintergäste auf größeren Binnengewässern.

Lebensweise: Taucht nach kleinen Fischen. Das Nest wird in Baumhöhlen, aber auch in großen Nistkästen, unter Bootshäusern oder in Felsnischen gebaut. Die aus der Nesthöhle springenden Dunenjungen werden vom Weibchen zum Wasser geführt und dann von ihm weiter betreut. Schon ab Juni mausern die Männchen, die sich nicht um die Familie kümmern, und legen das Schlichtkleid an. Altvögel sind während des sommerlichen Federwechsels vorübergehend flugunfähig.

J	F	M	A	M	J	J	A	S	O	N	D

Graureiher *Ardea cinerea*

3er-Check

1 Oberseite grau, langer Hals

2 Hals im Flug S-förmig gekrümmt

3 Kräftiger, spitzer Schnabel

Merkmale: Groß und kräftig. Unterseite grauweiß, bei Altvögeln Hals überwiegend weiß, bei jüngeren grau. Im Flug Oberflügel zweifarbig: außen und am Hinterrand schwarz, innen grau. Männchen und Weibchen sind gleich gefärbt.

Stimme: Im Flug heißer krächzend »kräich«.

Vorkommen: Häufigster Reiher in Mitteleuropa. Steht im Seichtwasser, an kleinen Fließgewässern und vor allem im Herbst häufig auch auf Wiesen. Brutkolonien in großen Gehölzen und an Waldrändern. Im Winter seltener.

Lebensweise: Fische, Amphibien, kleine Säugetiere und Reptilien werden im Ansitz oder in langsamem Pirschgang im Seichtwasser oder am Boden durch rasches Zustoßen mit dem Schnabel gepackt und ganz verschlungen. Nester stehen in der Regel auf hohen Bäumen in Kolonien. Die Jungen werden von beiden Altvögeln gefüttert, die das mitgebrachte Futter auf den Nestboden erbrechen oder direkt in den Schnabel der Nestlinge übergeben. Ein Teil der Vögel zieht im Herbst nach Südwesten oder konzentriert sich im Winter in milderen Tieflandgebieten.

J	F	M	A	M	J	J	A	S	O	N	D

RL 1 *Botaurus stellaris* **Rohrdommel**

3er-Check

1 Gedrungen, mit dickem Hals

2 Kräftiger spitzer Schnabel

3 Braun mit dunkler Tarnmusterung

Merkmale: Der gedrungene Vogel ist etwas kleiner als der Graureiher, aber viel untersetzter und hält sich meistens geduckt. Wegen seiner Tarnfärbung ist er auch frei stehend leicht zu übersehen. Männchen und Weibchen sind gleich gefärbt.

Stimme: Im Frühjahr und Frühsommer balzen die Männchen vor allem bei Dämmerung mit weithin hörbaren dumpfen Lauten wie »whuump« (»Moorkuh«). Im Flug rau »gräo« oder ähnlich.

Vorkommen: Seltener Brutvogel, nur in großen und dichten Schilfgebieten. Gelegentlich einzeln auf dem Zug oder im Winter an offeneren Stellen, z.B. Seeufern, Tümpeln oder Wiesengräben. Die meisten überwintern in West- oder Südeuropa.

Lebensweise: Möglichst versteckt im Schilf; nimmt bei Gefahr Pfahlstellung ein mit hoch erhobenem und nach oben zeigenden Kopf und gestrecktem Hals; ist dann im Schilf kaum zu entdecken. Fliegt meist nur kurze Strecken und fällt dann bald wieder ein. Die Nahrung besteht aus Fischen, Fröschen, Wasserinsekten. Das Nest steht im Schilf.

J	F	M	A	M	J	J	A	S	O	N	D

Silberreiher *Egretta alba*

3er-Check

1. Schneeweiß, sehr langhalsig
2. Kräftiger schwarzer oder gelber Schnabel
3. Zehen wie unterer Teil der Beine dunkel

Merkmale: Unverkennbar; es gibt nur einen anderen schneeweißen, aber deutlich kleineren Reiher, der gelbe Zehen hat. Unterschenkel hell. Männchen und Weibchen sind gleich gefärbt.

Stimme: Am Brutplatz krächzende Laute.

Vorkommen: Brutvogel vom Burgenland an nach Süden und Südosten. In Mitteleuropa sonst lediglich Gast, der aber in den letzten Jahren zugenommen hat und in allen Monaten des Jahres einzeln oder in kleinen Trupps im Uferbereich an Binnengewässern, ausnahmsweise auch auf Wiesen beobachtet werden kann.

Lebensweise: Lebt vor allem von Fischen, daneben von Amphibien und Wasserinsekten; frisst auf dem Land aber auch kleine Säugetiere (Mäuse), Reptilien und Landinsekten. Die Nester werden in der Regel in Kolonien angelegt, liegen meistens im Röhricht am Ufer von Binnengewässern und sind aus alten Schilfhalmen gebaut. Zieht als Zugvogel nur kurze Strecken und überwintert einzeln heute auch schon in Mitteleuropa.

J	F	M	**A**	**M**	**J**	**J**	A	S	O	N	D

Egretta garzetta Seidenreiher

3er-Check

1. Zierlich, Hals nicht extrem lang
2. Schnabel schlank und schwarz
3. Beine schwarz, Zehen gelb

Merkmale: Zierlich, nur der wesentlich größere Silberreiher ist ebenfalls schneeweiß. Wenn kein Größenvergleich möglich ist, auf die gelben Zehen im Kontrast zu den schwarzen Beinen achten. Der manchmal reinweiße, aber bei uns sehr seltene Kuhreiher ist kurzhalsiger und gedrungener, hat einen gelben, kurzen Schnabel und helle Beine. Männchen und Weibchen sind gleich.

Stimme: Außerhalb der Brutkolonien nicht zu hören. Am Nest dunkle Kehllaute und raues Krächzen.

Vorkommen: Verbreiteter Brutvogel in Südeuropa und dort häufig auf Reisfeldern oder an flachen Meereslagunen zu sehen. In Mitteleuropa nur seltener Gast an flachen Seen (vor allem Fischteichen), der aber neuerdings viel regelmäßiger geworden ist.

Lebensweise: Zugvogel, der teilweise im Mittelmeer überwintert, aber auch bis ins tropische Afrika wandert. Die Nahrung besteht aus kleinen Fischen, Fröschen, Reptilien, Weich- und Krebstieren und Wasserinsekten. Die Beute wird oft im raschen Lauf durchs Wasser mit dem Schnabel ergriffen.

J	F	M	A	M	J	J	A	S	O	N	D

Weißstorch *Ciconia ciconia* RL 3

3er-Check

1. Überwiegend weiß, schwarz im Flügel
2. Mäßig langer Hals und langer, kräftiger Schnabel
3. Im Flug Hals ausgestreckt

Merkmale: Größer als Graureiher. Männchen und Weibchen sind gleich gefärbt. Bei den flüggen Jungvögeln ist der blassere Schnabel von der Spitze her dunkel, die Beine sind nur blass rot.

Stimme: Nicht zu hören. Dafür aber lautes Klappern mit den Schnabelhälften, besonders am Nest, wenn sich die Partner begrüßen.

Vorkommen: Brutvogel im Tiefland in offener Kulturlandschaft; braucht vor allem Feuchtwiesen und Sumpfgebiete; Bestand in vielen Gebieten stark zurückgegangen. Auf dem Zug auch manchmal in Gegenden, in denen keine Störche brüten, gelegentlich auch in größeren Schwärmen.

Lebensweise: Zugvogel der im tropischen und südlichen Afrika überwintert. Die Nahrung besteht aus Mäusen, Insekten und deren Larven, Regenwürmern, Fröschen. Oft treffen die Partner eines Paares im nächsten Jahr am Nest wieder zusammen. Brutplatz auf Häusern, Türmen und anderen Bauten, aber auch frei auf Bäumen und manchmal sogar auf dem Boden. Die Eier werden über 30 Tage bebrütet; die Jungen bleiben über 55 Tage im Nest. Erst nach mehreren Jahren werden die Jungvögel brutreif.

J	F	M	A	M	J	J	A	S	O	N	D

RL 3 *Ciconia nigra*

Schwarzstorch

3er-Check

1. Oberseite dunkel, Unterseite weiß
2. Langer roter Schnabel
3. Im Flug Hals ausgestreckt

Merkmale: Massiger als Graureiher. Im Flug fällt die weiße Körperunterseite auf. Das dunkle Gefieder schillert in der Sonne metallisch. Männchen und Weibchen sind gleich gefärbt. Flügge Jungvögel haben ein stumpferes Gefieder mit braunen Federn; Schnabel und Beine sind bei ihnen graugrün statt leuchtend rot.

Stimme: Klappert so gut wie nie.

Vorkommen: Seltener Brutvogel in ausgedehnten und ruhigen Waldgebieten; in Mitteleuropa vorzugsweise im Osten und in Mittelgebirgen. Braucht zur Nahrungssuche Feuchtgebiete, Moore, Teiche und Bäche. Auf dem Zug einzeln auch außerhalb der Brutgebiet auf Wiesen oder an flachen Binnengewässern.

Lebensweise: Zugvogel, der im tropischen Afrika überwintert. Die Nahrung besteht aus Wasserinsekten, kleinen Fischen, Fröschen und anderen Amphibien; erbeutet weniger Landtiere als Weißstorch. Oft liegen die Nahrungsgründe weitab vom Nest. Die Nester stehen in Mitteleuropa fast stets hoch auf Bäumen im Wald.

J	F	M	A	M	J	J	A	S	O	N	D

Kranich *Grus grus*

3er-Check

1. Überwiegend grau, buschiges Hinterende
2. Schnabel kaum länger als Kopf
3. Im Flug Hals ausgestreckt

Merkmale: Einer unserer größten Vögel. Männchen und Weibchen gleich gefärbt; Männchen etwas größer. Jungvögel sind grau und haben auch im zweiten Kalenderjahr noch keine schwarz-weiße Halszeichnung mit rotem Fleck auf dem Kopf.

Stimme: Laut trompetend »krru« oder »karr«, auch von den ziehenden Trupps zu hören. Am Brutplatz laute trompetende Duette.

Vorkommen: Brutvogel im Nordosten Deutschlands, vor allem in Waldmooren, Sumpfgebieten und Bruchwäldern. Große Sammelplätze zu den Zugzeiten in Nordostdeutschland. Im Herbst ziehen regelmäßig Scharen in großen Keilen über das mittlere Deutschland nach Südwesten und kommen im Frühjahr wieder in Richtung Nordosten zurück. Im Süden Deutschlands dagegen selten.

Lebensweise: Zugvogel, der vor allem im Mittelmeerraum überwintert. Die Nahrung besteht aus pflanzlichen Bestandteilen und Kleintieren, z.B. Kartoffeln, Beeren, Getreide, Eicheln (im Winterquartier), Insekten, Regenwürmer, Weichtiere. Das Nest ist ein großer Bau aus Pflanzenmaterial am Boden. Die Jungen sind Nestflüchter und werden von den Eltern betreut.

J	F	M	A	M	J	J	A	S	O	N	D

Cygnus olor Höckerschwan

1

2

2er-Check

1 Stark gebogene Rückenlinie, Kopf etwas geneigt

2 Roter Schnabel und schwarzer Stirnhöcker

Merkmale: Männchen und Weibchen sind äußerlich nicht zu unterscheiden. Erwachsene Jungvögel ohne Stirnhöcker mit zunächst dunkelgrauem, dann rosagrauem Schnabel; meistens mit hell bräunlichen Federn. Dunenjunge entweder grau oder weiß.

Stimme: Nicht häufig zu hören; gurgelnd und fauchend »quiurr«. Im Flug singendes Flügelgeräusch.

Vorkommen: In den meisten Gebieten Mitteleuropas leben halb zahme Parkvögel oder deren verwilderte Nachkommen; verbreiteter Brutvogel auf stehenden und langsam fließenden nährstoffreichen Binnengewässern bis in Stadtanlagen.

Lebensweise: Die Nahrung besteht aus Wasser- und Sumpfpflanzen, auch auf dem Land werden Pflanzen abgeweidet. Schwäne können nicht tauchen. Die Partner sind entweder ein Leben lang, oft aber auch nur 1 Jahr miteinander verpaart. Das Nest ist ein großer Bau am Ufer. Brutreviere sind oft groß und werden heftig verteidigt. Die nestflüchtenden Jungen werden von beiden Eltern betreut; die Familie hält meist bis mindestens in den Herbst hinein zusammen.

J	F	M	A	M	J	J	A	S	O	N	D

Singschwan *Cygnus cygnus*

2er-Check

1 Langer, meist gestreckter Hals; Rückenlinie flacher

2 Schwarzer Schnabel mit gelber Basis ohne Höcker

Merkmale: Größe wie Höckerschwan, Männchen und Weibchen äußerlich nicht zu unterscheiden. Erwachsene Jungvögel hellgrau, weniger bräunlich als junge Höckerschwäne; gelbe Schnabelteile sind noch bis in den Winter hinein weißlich.

Stimme: Ruft laut trompetend, etwa »anghö« oder »guuk«. Rufe auch im Flug, Flügel erzeugen aber kein singendes Fluggeräusch.

Vorkommen: Brutvogel in Nordeuropa an Tundren- und Waldseen. In Mitteleuropa regelmäßiger Wintergast, vor allem im Tiefland an Strandseen und stehenden Binnengewässern sowie auf Grünlandflächen; im Süden Mitteleuropas meist nur selten.

Lebensweise: Die Nahrung besteht aus Pflanzen, vor allem Wasserpflanzen in Ufernähe, aber auch Landpflanzen; Klee und Saaten (vor allem im Winter). Erscheint in Mitteleuropa meist in Trupps, in denen die Familien zusammenhalten. Wohl nicht vor 4 Jahren beginnen die Jungen mit der ersten Brut. Paare halten meist ein Leben lang zusammen. Das Weibchen brütet hauptsächlich, Männchen und Weibchen führen und verteidigen die Jungen. Die Familie fliegt gemeinsam ins Winterquartier.

J	F	M	A	M	J	J	A	S	O	N	D

Branta canadensis Kanadagans

1

2

2er-Check

1 Langer, schwarzer Hals; weißes Kinn

2 Schnabel schwarz

Merkmale: Größer und langhalsiger als Saat- und Graugans. Männchen und Weibchen äußerlich nicht zu unterscheiden; erwachsene Jungvögel wie Altvögel.

Stimme: Relativ häufig zu hören; meist trompetend zweisilbig, mit höherer zweiter Silbe, etwa »ang hüt«.

Vorkommen: Brutvogel in Nordamerika, nach Europa eingeführt: Vor allem in Schweden und Großbritannien sind größere verwilderte Bestände entstanden. In Mitteleuropa an einigen Stellen Parkvogel und auch verwildert an Binnenseen als Brutvogel. Die mitteleuropäischen Brutvögel sind Jahresvögel. An der Küste auch Wintergäste aus Schweden.

Lebensweise: Die Nahrung besteht hauptsächlich aus Landpflanzen, aber auch aus Sämereien und Pflanzen des Seichtwassers. Partner eines Paares halten ein Leben lang zusammen. Das Nest steht nahe am Wasser auf dem Boden, die Mulde wird mit Dunen ausgekleidet. Nur das Weibchen brütet, Männchen und Weibchen führen und verteidigen die Jungen gemeinsam. Die Familie bleibt bis in den Winter zusammen.

J	F	M	A	M	J	J	A	S	O	N	D

Graugans *Anser anser*

3er-Check

1. Grau, heller Schnabel
2. Rosafarbene Beine
3. Im Flug helles Flügelfeld am Vorderrand

Merkmale: Kleiner als Hausgans und Schwan. Männchen und Weibchen sind äußerlich nicht zu unterscheiden.

Stimme: Rufe und Geschnatter der Hausgans sehr ähnlich.

Vorkommen: Brutvogel in Feuchtgebieten Ost-, Nord- und Mitteleuropas. Im Norden und Nordwesten Mitteleuropas auch Durchzügler und Wintergast in großen Scharen zusammen mit anderen Wildgänsen. Im Westen und Süden Mitteleuropas vielfach ausgesetzt und ganzjährig halbzahm an Seen oder Parkteichen; auch vielfach an Futterstellen oder ufernahen Park- und Wiesenflächen.

Lebensweise: Die Nahrung besteht aus Land- und Wasserpflanzen; nicht selten weiden Gänsescharen auf Grünflächen. Die Paare, die sich im zweiten und oft erst im dritten Lebensjahr bilden, bleiben meist lebenslang zusammen. Nest im Röhricht, auf Kopfweiden, unter Büschen oder sonstwie schwer zugänglich und versteckt im und am Wasser. Männchen und Weibchen betreuen die nestflüchtenden Jungen gemeinsam. Die Familie hält bis in den Winter hinein zusammen und fliegt bei ziehenden Populationen auch gemeinsam ins Winterquartier.

J	F	M	A	M	J	J	A	S	O	N	D

Anser fabalis Saatgans

3er-Check

1. Überwiegend dunkelbraun
2. Schnabel orangefarben und schwarz
3. Beine orange

Merkmale: Insgesamt so groß wie Graugans, aber dunkler und brauner. Männchen und Weibchen sind äußerlich nicht zu unterscheiden.

Stimme: Ruft weniger häufig als Graugans, tief und meist zweisilbig »kajak« oder »rat rat«.

Vorkommen: Brutvogel von Mooren und Sümpfen in der Taiga und in der Tundra von Nordeuropa bis Sibirien. In Mitteleuropa vor allem im Tiefland und nahe der Küste regelmäßiger Wintergast, oft in großen Scharen.

Lebensweise: In Mitteleuropa auf dem Zug und im Winterquartier besteht die Nahrung vor allem aus Gräsern, Getreide, Klee, Luzerne und anderen grünen Pflanzen; auch Getreidekörner, Kartoffeln, Rübenreste werden genommen. Nahrungssuche meist auf Grünflächen und Äckern, Ruhe- und Schlafplätze sind flache Gewässer. Zwischen beiden sind oft regelmäßige Tagesflüge zu beobachten. Wie bei der Graugans halten die Partner eines Paares wohl ein Leben lang zusammen. Die Weibchen bebrüten das Gelege, Männchen und Weibchen betreuen die Jungen.

J	F	M	A	M	J	J	A	S	O	N	D

Streifengans *Anser indicus*

2er-Check

1 Sehr heller grauer Rücken

2 Weißer Kopf mit 2 schwarzen Querstreifen

Merkmale: Größe wie Saatgans; wirkt im Flug oft fast weißlich. Männchen und Weibchen sind gleich gefärbt.

Stimme: Bei uns kaum zu hören. Im Flug tiefe, nasale Gänserufe.

Vorkommen: Brutvogel in Hochländern Zentralasiens. Wandert über die hohen Ketten des Himalaya in Winterquartiere in Nordindien sowie von Pakistan bis Nordburma. In Europa Neubürger; die Brutvögel sind aus Gefangenschaft entwichen oder Nachkommen von entflogenen Vögeln. In Mitteleuropa an Parkgewässern, Teichen und in Flussniederungen meist nur lokal und (noch) nicht flächenhaft verbreitet. Nimmt an manchen Orten etwas zu. Im Winter an Fütterungen.

Lebensweise: Streifengänse haben in Mitteleuropa meist eine geringe Fluchtdistanz oder sind ausgesprochen zahm und schließen sich auch anderen Parkvögeln an, vor allem wenn nur einzelne oder wenige Vögel am Ort sind. Bastarde mit anderen Gänsen (z.B. Graugans) sind schon beobachtet worden. Wie alle Gänse Pflanzenfresser.

J	F	M	A	M	J	J	A	S	O	N	D

Brandgans

Tadorna tadorna

1

2er-Check

1 Schwarz-weiß, dunkler Kopf, rotbraunes Brustband

2 Roter Schnabel

2

Merkmale: Größer als Stockente, kleiner als eine typische Gans. Das Weibchen hat keinen roten Stirnhöcker wie das Männchen. Erwachsene Jungvögel sind an Kopf und Hals überwiegend weißlich, die bei den Altvögeln dunklen Gefiederpartien sind braun, das rotbraune Brustband fehlt.

Stimme: Weibchen ruft tief und nasal gackernd »gagagag...«, Männchen pfeift hoch und schnell »tju tju tju...«.

Vorkommen: Brutvogel an der Küste, dort ganzjährig, aber im Winter seltener. Einzeln und in kleinen Trupps auch im Binnenland; hier z.T. allerdings wohl Gefangenschaftsflüchtlinge.

Lebensweise: Die Nahrung besteht aus kleinen wirbellosen Tieren, an der Küste vor allem Muscheln und Ringelwürmer; ferner Insekten und deren Larven; wenig pflanzliche Anteile. Partner scheinen meist nur eine Saison beisammen zu bleiben. Nester meist in Höhlen, z.B. Kaninchenbaue, Erdlöcher in Dünen, unter Dämmen, Uferböschungen, Gebäuden oder Betonplatten, zur Not auch frei stehende Nester. Männchen und Weibchen kümmern sich um die nestflüchtenden Jungen.

J	F	M	A	M	J	J	A	S	O	N	D

Nilgans *Alopochen aegyptiacus*

3er-Check

1 Überwiegend bräunlich, relativ langbeinig

2 Weißer Vorderflügel

3 Dunkler Augenfleck

Merkmale: Größer als Stockente, kleiner als Graugans; relativ langbeinig. Männchen und Weibchen gleich gefärbt. Erwachsene Jungvögel blasser gefärbt, ohne braunen Augenfleck.

Stimme: Männchen ruft heiser zischend, Weibchen dagegen tief und laut »ang-hää-hää«.

Vorkommen: Sehr häufiger Brutvogel in Afrika südlich der Sahara; kommt außerhalb der Brutzeit bis Nordafrika. In Europa eingeführt und vielfach Parkvogel, aber auch verwildert. Vor allem in Großbritannien, aber auch im Nordwesten Deutschlands frei lebende Brutbestände. Sonst in weiten Gebieten nur einzelne Brutpaare.

Lebensweise: Nahrung vielseitig; Pflanzen und Sämereien, Kleintiere. Nahrung wird auf dem Land oder im Wasser gesucht. Nilgänse tauchen nicht, gründeln aber. Beim Schwimmen liegen sie hoch auf dem Wasser, mit angehobenem Hinterende. Obwohl sie wie Gänse fliegen, landen sie ohne Mühe auch auf Bäumen, Gebäuden und Felsen. Das Nest steht in Höhlen und Spalten, aber auch unter dichtem Gebüsch, meist nicht weit weg vom Wasser.

J	F	M	A	M	J	J	A	S	O	N	D

Aix galericulata Mandarinente

3er-Check

1. Gedrungene Körperform, Kopf groß
2. Männchen mit orangefarbenen »Segeln«
3. Weibchen grauer Kopf, weißer Strich hinter dem Auge

Merkmale: Kleiner und gedrungener als Stockente. Männchen unverwechselbar. Weibchen sind trotz abweichender Färbung durch Kopfform und Gestalt dem Männchen etwas ähnlich. Sie haben im Flügel ein grünliches Feld und weiße Federspitzen.

Stimme: Wenig zu hören. Männchen rufen bei der Balz kurz nach oben gezogen »pfruib«; bei Störung im Abfliegen schrill pfeifend »üib«. Weibchen rufen dunkel glucksend »käck«.

Vorkommen: Brutvogel an Flüssen und Seen in Ostasien mit alten Bäumen. In Europa Neubürger; Brutvögel stammen von frei gehaltenen oder verwilderten Parkvögeln ab. Gegenwärtig vor allem in England brütend, neuerdings auch zunehmend in Mitteleuropa. In Ostasien Zugvogel; bei uns an Parkteichen das ganze Jahr über, aber auch in Europa weit umherwandernd.

Lebensweise: Die Nahrung ist überwiegend pflanzlich (z.B. Sämereien) und wird von der Wasseroberfläche aufgelesen oder beim Gründeln gesucht, oft auch auf dem Land. Die Nester werden in Baumhöhlen angelegt, auch auf dem Boden unter Baumwurzeln oder in Steinhaufen, in Europa auch in Nistkästen.

J	F	M	A	M	J	J	A	S	O	N	D

Stockente *Anas platyrhynchos*

3er-Check

1. Männchen grüner Kopf, silbergrau und schwarz
2. Weibchen braun, dunkel gemustert
3. Metallisch blaues Flügelabzeichen

Merkmale: Im Sommer tragen die Männchen ein Schlichtkleid, das dem Gefieder der Weibchen ähnelt. Erst im Herbst legen sie wieder das Prachtkleid an.

Stimme: Nur die Weibchen quaken laut in einer abfallenden Reihe, wie »waak waak kwa kwa...« (erste Silben am lautesten und betont). Die Männchen rufen gedämpft und tief »räb«, bei Erregung oft wiederholt.

Vorkommen: Häufigste und verbreitetste Ente in Mitteleuropa, vielfach auch halbzahm als Parkvogel und an Futterstellen, selbst mitten in Städten. Stammform der Hausente.

Lebensweise: Nahrung grüne Pflanzenteile und Samen, Kleintiere. Nahrungssuche im Wasser (gründeln mit eingetauchtem Vorderkörper) und auf dem Land. Paarbildung und Balz bereits im Spätherbst und Winter; Paare halten aber meist nur bis zum Frühsommer zusammen. Nest in der Regel am Boden gut versteckt; Mulde mit Dunen ausgekleidet. Nur das Weibchen kümmert sich um die nestflüchtenden Jungen, das Männchen hat das Weibchen schon verlassen, bevor die Jungen schlüpfen.

J	F	M	A	M	J	J	A	S	O	N	D

Anas crecca Krickente

3er-Check

1. Männchen brauner Kopf, gelbes Dreieck am Hinterende
2. Weibchen braun, kleines metallisch grünes Flügelabzeichen
3. Schnabel dunkelgrau

Merkmale: Sehr klein, nur etwa halb so groß wie eine Stockente. Männchen im Sommer und Herbst im Schlichtkleid wie Weibchen gefärbt.

Stimme: Männchen ruft hell und klingelnd »krrik« (daher deutscher Name dieser Entenart), Weibchen quaken höher als Stockenten.

Vorkommen: Nicht häufiger, aber verbreiteter Brutvogel an Teichen und kleinen Seen; auch in Mooren und Kleingewässern im Wald; wichtig ist gute Deckung am Ufer. Im Winter an stehenden Binnengewässern oder auch in stillen Meeresbuchten mitunter große Scharen. In der Regel aber nicht an Futterstellen.

Lebensweise: Die Nahrung besteht aus Wasserpflanzen und Kleintieren, die vor allem im Seichtwasser und Uferschlamm aufgelesen werden. Krickenten tauchen nicht. Balz und Paarbildung beginnen schon im Winter. Das Nest ist sehr gut zwischen Pflanzen versteckt und steht meist nahe am Wasser. Das Weibchen führt die nestflüchtenden Jungen allein. Während der Brutzeit leben Krickenten meist sehr zurückgezogen und versteckt.

J	F	M	A	M	J	J	A	S	O	N	D

Knäkente *Anas querquedula* RL 2

3er-Check

1. Männchen mit weißer Sichel am Kopf
2. Weibchen braun und dunkel gemustert, heller Überaugenstreif, dunkler Strich durchs Auge
3. Schnabel dunkelgrau

Merkmale: Kaum größer als Krickente, also viel kleiner als Stockente. Männchen legen von Juni bis in den Herbst hinein das Prachtkleid ab und gleichen dann den Weibchen.

Stimme: Der Ruf des Männchens klingt hölzern »klerrrb« (etwa wie wenn ein Fingernagel über einen großen Kamm gestrichen wird). Das Weibchen ist selten zu hören und quakt leise.

Vorkommen: Nicht häufiger und in vielen Gebieten fehlender Brutvogel an nährstoffreichen Binnengewässern im Flachland; auch auf Feuchtwiesen. Ab September Wegzug nach Afrika; am häufigsten bei der Rückwanderung im März und April auf stehenden Binnengewässern zu sehen, aber in der Regel nie in größeren Trupps.

Lebensweise: Die Nahrung besteht aus kleinen Wasserpflanzen und -tieren, z.B. Sämereien, Wasserlinsen, Insektenlarven und kleinen Krebschen. Knäkenten tauchen nicht. Im Frühjahr kommen die meisten verpaart zurück; man kann aber dann noch die Balz beobachten. Die Nester sind am Boden sehr gut in der Vegetation versteckt; das Weibchen führt die nestflüchtenden Jungen allein. Während der Brutzeit sind Knäkenten sehr heimlich.

J	F	M	A	M	J	J	A	S	O	N	D

Anas clypeata Löffelente

1

2

2er-Check

1 Männchen sehr bunt, kurzhalsig

2 Mächtiger, verbreiterter Schnabel (hier Weibchen)

Merkmale: Nur wenig kleiner als Stockente. Der mächtige Schnabel fällt auch im Flug auf. Vom Sommer bis in den Herbst sind die Männchen im Schlichtkleid ähnlich wie Weibchen.

Stimme: Wenig zu hören. Männchen rufen abgehackt »tok tok...«, Weibchen quaken heiser und nicht laut.

Vorkommen: Nicht häufiger Brutvogel im Tiefland auf nährstoffreichen Binnengewässern. Im Frühjahr und Herbst häufiger auf Seen und Teichen zu beobachten; im Winter jedoch selten, da die meisten wegziehen und von West- und Südeuropa bis ins tropische Afrika überwintern. Im Unterschied zu Südeuropa bei uns meist nicht in größeren Trupps anzutreffen.

Lebensweise: Mit dem schier übergroßen und hoch angepassten Schnabel wird häufig die Wasseroberfläche nach kleinen im Wasser schwimmenden Organismen durchsiebt. Löffelenten gründeln daher nicht häufig; beim Durchschnattern des Oberflächenwassers kann aber der Kopf unter Wasser verschwinden. Das Nest steht am Boden, meist nahe am Wasser in der Vegetation versteckt. Das Weibchen führt die nestflüchtenden Jungen allein.

J	F	M	A	M	J	J	A	S	O	N	D

Spießente *Anas acuta*

RL 2

3er-Check

1. Männchen mit braunem Kopf und weißem Halsstreifen
2. Schlanker Hals; Weibchen ohne Überaugenstreif
3. Schnabel grau

Merkmale: Etwa so groß wie Stockente, aber deutlich schlanker. Die Weibchen sind hellbraun; der Schwanzspieß ist bei ihnen nur als spitzes Hinterende angedeutet. Vom Sommer bis in den Herbst tragen die Männchen das braune Schlichtkleid und sind dann von den Weibchen so gut wie nicht zu unterscheiden.

Stimme: Männchen pfeifen bei der Balz »krrü« (etwas tiefer als Krickente); Weibchen quaken etwas höher als Stockente.

Vorkommen: In Mitteleuropa nur sehr seltener Brutvogel, fast nur auf das Tiefland im Norden beschränkt. Von Herbst bis Frühjahr einzeln und in kleiner Zahl überall Gast an Binnengewässern, an der Küste vor allem im Herbst und Frühjahr auch in größeren Trupps. Viele verbringen den Winter in Westeuropa und Afrika.

Lebensweise: Nahrung ähnlich wie Stockente: Wasserpflanzen und deren Samen und Knospen sowie Kleintiere. Im Spätwinter und Frühjahr kann man die Balz beobachten, die ähnlich wie bei der Stockente auf dem Wasser stattfindet. Die Nester stehen gut versteckt auf dem Boden; die Weibchen führen die nestflüchtenden Jungen allein.

J	F	M	A	M	J	J	A	S	O	N	D

Anas strepera Schnatterente

3er-Check

1. Männchen braungrau, fein gemustert
2. Weibchen braun, orangefarbene Schnabelränder
3. Kleines, aber auffallendes weißes Flügelfeld

Merkmale: Fast so groß wie Stockente. Männchen trägt im Sommer ein Schlichtkleid, das vom Weibchen kaum zu unterscheiden ist.

Stimme: Männchen rufen tief und kurz »ärrp« und bei der Balz hoch pfeifend »wiiii«. Weibchen quaken etwas höher als Stockenten.

Vorkommen: Seltener Brutvogel in nährstoffreichen Feuchtgebieten und stehenden Binnengewässern mit reicher Ufervegetation; in manchen Gegenden fehlend. Als Durchzügler einzeln oder in kleiner Zahl überall auf stehenden Gewässern; in den Wintermonaten heute häufiger als früher.

Lebensweise: Die Nahrung besteht überwiegend aus Wasserpflanzen; im Sommer auch Kleintiere, die im Wasser leben. Balz findet schon ab Herbst statt; die Paare lösen sich im Sommer auf. Häufig sieht man zwei oder mehr Männchen hinter einem Weibchen fliegen, das sie anscheinend jagen. Das Nest ist gut versteckt in der Bodenvegetation, meist nahe am Wasser. Den Winter verbringen die meisten Schnatterenten in Westeuropa.

J	F	M	A	M	J	J	A	S	O	N	D

Pfeifente *Anas penelope*

RL R

3er-Check

1. Männchen silbergrau, Kopf braunrot, Hinterende schwarz
2. Runder Kopf; grauer Schnabel, Spitze schwarz (hier Weibchen)
3. Scharf abgesetzter weißer Bauch im Flug

Merkmale: Etwas kleiner als Stockente. Im Sommer trägt das Männchen ein überwiegend rotbraunes Schlichtkleid und ist nur wenig dunkler als das Weibchen.

Stimme: Vom Männchen ist zu allen Jahreszeiten ein mindestens zweisilbiger Pfiff zu hören, etwa wie »wiii-u«; daneben hört man noch leisere, meist einsilbige Pfiffe.

Vorkommen: Verbreiteter Brutvogel in Nordeuropa und Sibirien an Tundren- und Waldseen und in überschwemmten Gebieten; in Deutschland nur unregelmäßiger einzelner Brutvogel, vor allem nahe der Küste. Von Herbst bis Frühjahr große Scharen an der Küste und im Hinterland; tiefer im Binnenland regelmäßiger Wintergast an stehenden und vor allem flachgründigen Seen und an Überschwemmungsflächen, aber meist nur in kleiner Zahl.

Lebensweise: Im Unterschied zu anderen Enten hauptsächlich Pflanzenfresser; im Winter werden vor allem Gräser abgeweidet. Im Winter kann man auch die Balz beobachten. Etwa im Juni verlassen die Männchen die Nester und die Weibchen, die sich allein um die nestflüchtenden Jungen kümmern.

J	F	M	A	M	J	J	A	S	O	N	D

RL 2 *Netta rufina*

Kolbenente

3er-Check

1. Männchen dunkler Bauch; dicker, fuchsroter Kopf
2. Männchen roter Schnabel
3. Weibchen braun, mit hellgrauen Wangen

Merkmale: Gedrungen und größer als Stockente. Von Sommer bis Herbst tragen die Männchen ein weibchenfarbiges Schlichtkleid; sie sind aber an ihrem leuchtend roten Schnabel auch dann von Weibchen gut zu unterscheiden.

Stimme: Wenig zu hören; Männchen laut »bäht«; erschreckte Weibchen rufen vor allem im Flug bellend »wrah wrah wrah...«.

Vorkommen: Brutvogel vor allem in Südeuropa; hat in Mitteleuropa als Brutvogel an nährstoffreichen Stillgewässern zugenommen; an manchen Stellen leben auch Parkvögel und deren entflogene Nachkommen, daher auch manchmal halbzahm auf Parkseen zu beobachten. Im Winter selten; Kolbenenten überwintern hauptsächlich am Mittelmeer.

Lebensweise: Die Nahrung besteht vor allem aus Wasserpflanzen und Algen. Kolbenenten gründeln mit eingetauchtem Vorderkörper, können aber auch mit einem kleinen Kopfsprung tauchen. Die Nester stehen nahe am Wasser, gut versteckt in der Vegetation. Das Weibchen führt die nestflüchtenden Jungen allein.

J	F	M	A	M	J	J	A	S	O	N	D

Tafelente *Aythya ferina*

3er-Check

1. Männchen silbergrauer Rücken, rotbrauner Kopf
2. Weibchen dunkel graubraun
3. Schnabel geht ohne Absatz in die hohe Stirn über

Merkmale: Deutlich kleiner als Stockente. Die Männchen sind im sommerlichen Schlichtkleid etwas brauner und weniger kontrastreich als im Prachtkleid gefärbt, aber noch von Weibchen zu unterschieden.

Stimme: Vom Männchen ist kaum etwas zu hören; während der Balz leise Rufe. Weibchen rufen aufgeschreckt vor allem im Flug schnarrend.

Vorkommen: Verbreiteter, aber in manchen Gegenden sehr seltener Brutvogel auf flachen nährstoffreichen Seen und Teichen. Im Winter oft in größeren Trupps auf Seen, vor allem Stauseen. Mitunter dann auch auf Parkgewässern und an Futterstellen.

Lebensweise: Die Nahrung wird vorwiegend tauchend, aber im Seichtwasser auch gründelnd aus dem Wasser geholt und besteht aus Pflanzen und Kleintieren. Balz und Paarbildung finden hauptsächlich im Frühjahr statt. Im Winter sieht man überwiegend Männchen. Die Masse der Weibchen überwintert etwas weiter westlich und südlich. Die Nester stehen am Boden, meist nahe am Wasser und in der Vegetation versteckt.

J	F	M	A	M	J	J	A	S	O	N	D

Aythya fuligula Reiherente

3er-Check

1. Männchen schwarz, mit weißen Seiten
2. Weibchen dunkelbraun
3. Runder Kopf mit längeren, beim Weibchen nur angedeuteten Nackenfedern

Merkmale: Kleiner als Stockente. Männchen tragen von Hochsommer bis in den Herbst ein Schlichtkleid, in dem die Körperseiten braungrau und die schwarzen Gefiederteile matter gefärbt sind. Ein Schopf ist dann nur angedeutet.

Stimme: Männchen lassen nicht sehr laute pfeifende und piepsende Laute hören, wie »wip wi wi wü wüp« (2. und 3. Silbe betont). Die Weibchen rufen »krr krr krr...«.

Vorkommen: In Mitteleuropa verbreiteter Brutvogel an Seen, Stauseen, Teichen; auch auf nährstoffarmen Gewässern und an Küsten. Von Herbst bis Frühjahr oft in großen Trupps auf größeren Seen und Stauseen. In kleiner Zahl im Winter auch auf Parkgewässern und an Futterstellen; dort die regelmäßigste Tauchente.

Lebensweise: Die Nahrung wird hauptsächlich durch Tauchen unter Wasser erbeutet und besteht überwiegend aus Kleintieren z.B. Wasserinsekten und deren Larven und Weichtieren (z.B. Dreikantmuscheln). Pflanzliche Bestandteile treten zurück. Die Balz findet im Winter statt. Die Nester stehen am Boden, nahe am Wasser, gut versteckt in der Vegetation.

J	F	M	A	M	J	J	A	S	O	N	D

Schellente *Bucephala clangula*

3er-Check

1. Männchen auffallend schwarz-weiß, mit dunkelgrünem Kopf
2. Weibchen grau, mit dunkelbraunem Kopf
3. Kopf fast dreieckig

Merkmale: Deutlich kleiner als Stockente. Vom Hochsommer bis in den Frühwinter tragen die Männchen ein Schlichtkleid, das dem Weibchenkleid entspricht.

Stimme: Wenig zu hören. Männchen lassen während der Balz beim Vorwerfen des Kopfes einen Doppelton hören, etwa wie »quikjirr«, und schnarren auch »rrrr«. Weibchen rufen vor allem im Flug tief »grarr grarr...«. Auffallend ist das hell klingelnde Flügelgeräusch (am lautesten bei Männchen), das der Ente den Namen gegeben hat.

Vorkommen: Brutvogel vor allem im Osten Mitteleuropas, der sein Brutgebiet offenbar weiter nach Westen ausdehnt. Brütet vor allem an klaren Waldseen, auch an langsam fließenden Flüssen und Voralpenseen. Im Winter auf Binnengewässern und an der Küste.

Lebensweise: Nahrung besteht überwiegend aus Kleintieren im Wasser, die tauchend erbeutet werden. Die Balz findet ab Mittwinter statt. Die Nester werden in Baumhöhlen und auch in Nistkästen angelegt. Die frisch geschlüpften Dunenjungen springen dann herunter und werden vom Weibchen zum Wasser geführt.

J	F	M	A	M	J	J	A	S	O	N	D

RL V

Eiderente *Somateria mollissima*

1

2

3er-Check

1 Männchen weißer Rücken, schwarzer Bauch

2 Weibchen dunkelbraun, schwarz gemustert

3 Flachstirniger Kopf mit kräftigem, keilförmigem Schnabel

Merkmale: Größer als Stockente. Von Ende Juni bis September tragen die Männchen ein Schlichtkleid, das sehr dunkel ist und nur wenig Weiß zeigt. Noch im 2. Kalenderjahr sind die Männchen nicht voll ausgefärbt.

3

Stimme: Außerhalb der Balzzeit wenig zu hören. Bei der Balz rufen die Männchen dumpf »a-ooh-e« (Mitte betont), die Weibchen »gak ak ak ak...«.

Vorkommen: Ausgesprochene Meeresente und Brutvogel an der Küste. Im Binnenland nur selten.

Lebensweise: Die Nahrung besteht hauptsächlich aus Wassertieren, vor allem Muscheln und Schnecken, aber auch Krabben und andere Krebstiere. Pflanzen spielen nur eine geringe Rolle. Eiderenten tauchen mehrere Meter tief. Im Watt suchen sie auch zu Fuß nach Nahrung. Sie sind in der Regel gesellig und brüten auch oft in Kolonien, z.B. auf Inseln. Die Nester sind mit den berühmten Eiderdaunen ausgekleidet. Die Weibchen führen die Jungen allein.

J	F	M	A	M	J	J	A	S	O	N	D

Fischadler *Pandion haliaetus* RL 3

3er-Check

1. Rücken dunkelbraun, Unterseite weiß
2. Oberkopf überwiegend weiß
3. Lange, relativ schlanke Flügel

Merkmale: Größer als Mäusebussard; wirkt im Flugbild recht schlank; Schwanz kurz und schlanker Kopf vorstehend. Die Flügel werden oft gewinkelt. Männchen und Weibchen gleich.

Stimme: Bei der Balz hohe Rufe wie »ü iilp ü iilp...«; im Flug oft scharf »kju kju...« oder pfeifend.

Vorkommen: Brutvogel im Osten Mitteleuropas und in Nordeuropa, aber auch im Mittelmeergebiet. In Mitteleuropa in Gebieten mit Wäldern und klaren Seen. Sonst im Frühjahr und Herbst einzeln überall Gast an stehenden Gewässern; teilweise Durchzügler, manchmal auch Nichtbrüter den ganzen Sommer über. Im Winter höchstens ausnahmsweise in Mitteleuropa.

Lebensweise: Die Nahrung besteht fast ausschließlich aus Fischen, die im Sturzflug mit den Krallen gegriffen werden. Die Nester, oft mächtige Bauten, stehen meist hoch auf Bäumen, in manchen Gebieten auch nicht selten auf Leitungsmasten. Bis zum Flüggewerden der Nestlinge schafft allein das Männchen Fische herbei. Fischadler sind Zugvögel und überwintern in Afrika südlich der Sahara, einzeln auch in Südeuropa.

J	F	M	A	M	J	J	A	S	O	N	D

RL 3 *Haliaeetus albicilla* **Seeadler**

3er-Check

1. Körper dunkel
2. Mächtiger Schnabel
3. Brettartige Flügel am Ende gefingert; kurzer Schwanz keilförmig

Merkmale: Noch größer als Steinadler. Männchen und Weibchen gleich. Altvögel mit weißem Schwanz; erwachsene Jungvögel mit dunklen oder höchstens etwas aufgehellten Schwanzfedern.

Stimme: Außerhalb der Brutzeit und der Brutplätze in der Regel nicht zu hören. Im Brutgebiet helle und schrille Rufreihen.

Vorkommen: Brutvogel im Nordosten und äußersten Südosten Mitteleuropas sowie in Nord- und Osteuropa an Küsten, größeren Seen und Flüssen. In Deutschland hat sich der Bestand etwas erholt. Als Wintergast einzeln an größeren Seen und an der Küste.

Lebensweise: Vielseitiger Wirbeltierjäger; zur Beute zählen See- und Süßwasserfische, Vögel bis zur Größe einer Gans oder eines Reihers, Säugetiere von der Maus bis Fuchs oder Reh. Auch Aas wird angenommen. Die Jagd wird aus dem Suchflug, aber auch vom Ansitz aus gestartet. Die mächtigen Nester stehen in Mitteleuropa auf großen Bäumen. Oft werden dieselben Nester über mehrere Jahre hinweg benutzt. Beide Eltern füttern die Nestlinge; meist besteht das Gelege aus 2 Eiern. An günstigen Stellen halten sich Wintergäste oft wochenlang auf.

J	F	M	A	M	J	J	A	S	O	N	D

Steinadler *Aquila chrysaetos* RL 2

2

1

3er-Check

1 Dunkel; hellerer Hinterkopf

2 Flügelhinterrand geschwungen

3 Schwanz relativ lang

3

Merkmale: Größer und langflügeliger als Mäusebussard, schlanker als Seeadler. Altvögel haben kein Weiß im Flügel und einen dunklen Schwanz; Männchen und Weibchen sind gleich gefärbt. Wenn man die Partner eines Paares nebeneinander sieht, wirkt das Weibchen etwas größer. Erwachsene Jungvögel mit weißem Flügelfeld und weißen Schwanzwurzeln.

Stimme: Wenig zu hören. Gelegentlich im Flug ein feines, flötendes Pfeifen.

Vorkommen: Brutvogel in den Alpen und im nördlichen Europa. Nordische Brutvögel kommen im Winter einzeln in die Norddeutsche Tiefebene. Adler der Alpen sind Standvögel; Brutreviere sind hier 30-80 km^2 groß.

Lebensweise: Vielseitiger Jäger von Säugetieren und Vögeln: von der Maus bis zur Junggemse und von mittelgroßen Vögeln bis zu Hühnern. Nach Beute wird hoch kreisend Ausschau gehalten, aber auch im niedrigen Flug unter Ausnutzung von Deckung gejagt. Paare halten oft lebenslang zusammen. Nester in Felswänden, oft lange Zeit in Benutzung, sowie auf Bäumen.

J	F	M	A	M	J	J	A	S	O	N	D

Pernis apivorus Wespenbussard

3er-Check

1. Unterseite weiß mit dunkler Musterung
2. Relativ schwacher Schnabel, Auge hell
3. Breite Flügel, Kopf vorgestreckt, Schwanz relativ lang

Merkmale: Größe wie Mäusebussard, aber Flugbild schlanker. Wichtiges Merkmal sind die Flügelspitzen, die der Wespenbussard im Gegensatz zum Mäusebussard im Flug nicht aufgebogen hält; Flügel wirken daher von vorne oder hinten gesehen gerade und eher leicht nach unten gebogen. Männchen und Weibchen so gut wie gleich gefärbt; bei beiden gibt es hellere und dunklere Typen.

Stimme: Außerhalb der Brutzeit in der Regel nichts zu hören. Sonst ein helles, sehr typisches Pfeifen: »pü-e« oder »pii-uh«.

Vorkommen: Verbreiteter Brutvogel in Wäldern mit Lichtungen oder Schneisen; oft auch am Waldrand nahe Feldern; auch in Mittelgebirgen und in den Alpen. Deutlich seltener als der Mäusebussard. Auf dem Zug vielfach in größerer Zahl (September, April).

Lebensweise: Larven, Puppen und Vollinsekten von Wespen, deren Nester mit den Füßen aus dem Boden gegraben werden, bilden einen wichtigen Bestandteil der Nahrung; daneben andere Insekten, Würmer, Amphibien, Kleinsäuger; im Herbst auch Früchte und Beeren. Häufig hoch gleitend und segelnd. Das Winterquartier liegt im tropischen Afrika.

J	F	M	A	M	J	J	A	S	O	N	D

Mäusebussard *Buteo buteo*

3er-Check

1. Unterseite hell mit dunkler Musterung
2. Kopf rund, Auge dunkel
3. Breite, lange Flügel, Schwanz breit

Merkmale: Wirkt im Flug etwas breitflügeliger, dickköpfiger und kurzschwänziger als der Wespenbussard. Im Segel- und Gleitflug Flügelspitzen etwas aufgebogen. Männchen und Weibchen an der Färbung und Zeichnung nicht zu unterscheiden; Variation zwischen helleren und dunkleren Vögeln jedoch groß.

Stimme: Einer der ruffreudigsten Greifvögel. Der Bussardruf klingt wie »hiiäh« (der Eichelhäher kann ihn täuschend imitieren).

Vorkommen: Fliegt und jagt über offenen Landschaften, brütet in den Randzonen der Wälder. Außerhalb der Brutzeit, vor allem im Winterhalbjahr, auch oft entlang von Straßen. Der häufigste und verbreitetste Greifvogel Mitteleuropas.

Lebensweise: Die Hauptbeute bilden Mäuse und andere tagaktive Kleintiere. Auch junge Kaninchen und Junghasen können erbeutet werden, daneben Reptilien oder Würmer. Erwachsene Hasen und Kaninchen werden nur überwältigt, wenn sie verletzt sind, oder als Aas angenommen. Ein Teil der Bussarde zieht oder weicht harten schneereichen Wintern aus; Brutvögel aus Skandinavien kommen im Winter nach Mitteleuropa. Die Nester stehen auf Bäumen.

J	F	M	A	M	J	J	A	S	O	N	D

Habicht

Accipiter gentilis

1

2

3

3er-Check

1 Oberseite dunkel, helle Unterseite dunkel quer gebändert

2 Flacher Kopf, Auge gelb bis orange

3 Breite, kurze Flügel, langer Schwanz

Merkmale: Männchen sind deutlich kleiner als Weibchen, die etwa die Größe von Mäusebussarden erreichen, aber ein ganz anderes Flugbild aufweisen. Erwachsene Jungvögel sind auf der Unterseite nicht quer gebändert, sondern mit Fleckenreihen gezeichnet; ihre Oberseite ist braun, nicht grau wie bei Altvögeln.

Stimme: Außerhalb der Brutzeit kaum zu hören. Am Brutplatz laut in gackernden Reihen »kja-kja-kja…«.

Vorkommen: Verbreiteter, aber vielfach versteckt lebender Brutvogel in Wäldern. Jagt auch in offenen Landschaften, vor allem außerhalb der Brutzeit.

Lebensweise: Vielseitiger Vogeljäger; Säugetiere werden weniger häufig erbeutet. Hauptbeutetiere sind Tauben, Eichelhäher, Drosseln und Stare; weniger häufig Krähen, Elstern, Mäuse oder Hasen. Die Beute wird meist in einem sehr schnellen Jagdflug überrascht, wobei Deckung genutzt wird. Das Nest steht hoch in Waldbäumen. Das Männchen füttert das Weibchen zu Beginn der Brutzeit und jagt auch allein, wenn die Nestlinge klein sind. Erst wenn die Jungen herangewachsen sind, jagt das Weibchen wieder.

J	F	M	A	M	J	J	A	S	O	N	D

Sperber *Accipiter nisus*

3er-Check

1. Oberseite grau bis braun
2. Auge hell
3. Breite, kurze Flügel, langer Schwanz

Merkmale: Etwa taubengroß; Männchen deutlich kleiner als Weibchen. Männchen auf der Oberseite schiefergrau, auf der Unterseite rötlich quer gebändert. Weibchen oberseits braungrau und auf der Unterseite dunkel quer gebändert. Erwachsene Jungvögel braun.

Stimme: Am Brutplatz schnell gackernd »kjukjukjukju...«.

Vorkommen: Verbreiteter, aber versteckt lebender Brutvogel in Wäldern (häufig in Nadelwäldern), aber auch in Baumbeständen nahe an Siedlungen. Außerhalb der Brutzeit häufiger im offenen Land; kommt vor allem im Winter auch in Gärten und Anlagen.

Lebensweise: Vielseitiger Vogeljäger; Säugetiere werden nur wenig erbeutet. Die Hauptnahrung bilden Sperlinge, Finken, Goldammer, Drosseln, Feldlerche, Star und Meisen. Die Vogeljagd findet meist im Überraschungsangriff statt, entweder aus einer Deckung heraus oder im Vorbeifliegen. Sperber sind außerordentlich rasch und gewandt bei der Jagd. Sie verunglücken dabei mitunter auch an Hindernissen (Glasscheiben!). Kleinvögel warnen beim Auftauchen eines Sperbers mit hohen Rufen. Die Nester stehen meist gut versteckt auf Waldbäumen.

J	F	M	A	M	J	J	A	S	O	N	D

Circus aeruginosus Rohrweihe

3er-Check

1. Überwiegend braun, wenig oder kein Grau (hier Männchen)
2. Mindestens Oberkopf hell (hier Weibchen)
3. Schlank, langer Schwanz, Flügel oft schräg in V-Form gehalten

Merkmale: Größe wie Mäusebussard, aber deutlich schlanker; oft gaukelnder Flug und Seitwärtskippen. Männchen mit grauen, an der Spitze schwarzen Flügeln. Breitflügeliger als andere Weihen.

Stimme: Wenig zu hören. Bei den Balzspielen in der Luft dünne nasale wimmernde, quäkende und pfeifende Laute.

Vorkommen: Brutvogel im Tiefland an schilfreichen Seen, Teichen und Flüssen. Jagt entlang des Ufers über dem Wasser, aber auch über anschließendes offenes Land, nicht selten auch über Äcker. Auch während des Zuges hauptsächlich am Wasser.

Lebensweise: Die Nahrung besteht aus kleinen Vögeln und Säugetieren, im Sommer auch aus Küken, Nestlingen und Eiern, im Herbst und Frühjahr vor allem aus kleineren Wasservögeln. Eine große Rolle spielen Feldmäuse. Die Beute wird vor allem aus einem niedrigen Suchflug heraus geschlagen, wobei das Opfer überrascht wird. Das Nest steht meist im dichten Röhricht über Wasser oder zwischen Sumpfpflanzen über nassem Boden.

J	F	M	A	M	J	J	A	S	O	N	D

Wiesenweihe *Circus pygargus* RL 2

2 1

3er-Check

1. Männchen hellgrau, schmale schwarze Flügelspitzen, schwarzes Flügelband
2. Weibchen braun, weißer Bürzel, Flügel sehr spitz
3. Von November bis März nicht in Mitteleuropa

Merkmale: Viel schlanker als Mäusebussard und schlanker als Rohrweihe. Weibchen sind von Weibchen der Kornweihe in Farbe und Zeichnung kaum zu unterscheiden und am besten an den besonders schmalen und spitzen Flügeln zu erkennen.

Stimme: Wenig zu hören. Am Nest pfeifende Laute von Weibchen und Jungvögeln. Männchen bei der Balz nasale »kjäh kjäh-kjäh«.

Vorkommen: Nicht häufiger Brut- und Sommervogel offener Landschaften, wie Moore, Wiesen und neuerdings auch Getreidefelder. Fehlt in vielen Gegenden oder ist sehr selten. Überwintert im tropischen Afrika.

Lebensweise: Die Nahrung besteht aus Kleinvögeln und kleinen Säugetieren, Reptilien, Insekten. Die relativ kleinen Nester mit wenig Material liegen auf dem Boden. Über dem Brutplatz sieht man oft Schauflüge von Männchen und Weibchen. Mitunter brüten mehrere Paare nahe beieinander. Die Beute wird vom Männchen dem Weibchen oft in der Luft übergeben. Bis zum Alter von etwa 14 Tagen werden Nestlinge und Weibchen vom Männchen versorgt.

J	F	M	A	M	J	J	A	S	O	N	D

RL 1

Circus cyaneus Kornweihe

3er-Check

1. Männchen hellgrau, breitere (als Wiesenweihe) schwarze Flügelspitzen
2. Weibchen braun, weißer Bürzel, Flügel nicht sehr spitz
3. Im Winterhalbjahr meist häufiger zu sehen

Merkmale: Viel schlanker als Mäusebussard und schlanker als Rohrweihe. Sehr ähnlich der Wiesenweihe; Weibchen der beiden Arten sind kaum voneinander zu unterscheiden. Kornweihen haben etwas breitere und nicht so spitze Flügel.

Stimme: Wenig zu hören. Weibchen pfeifen in Nestnähe, wenn Männchen Futter übergibt.

Vorkommen: Sehr seltener und meist nur ausnahmsweise Brutvogel im Tiefland auf offenen Flächen, z.B. Moore, Wiesen, Brachland, Kahlschlagflächen. Im Herbst und Winter in Mitteleuropa als Wintergast und Durchzügler häufiger zu beobachten als im Sommer; auch mehrere zusammen an gemeinsamen Schlafplätzen.

Lebensweise: Die Nahrung besteht aus Kleinvögeln und kleinen Säugetieren, die aus gaukelndem Suchflug niedrig über dem Boden auch unter geschickter Ausnutzung von Deckung gefangen werden. Die Nester liegen auf dem Boden. An manchen Plätzen sind einzelne Männchen auch mit mehreren Weibchen verpaart. Männchen versorgen brütende Weibchen und kleine Nestlinge mit Nahrung.

J	F	M	A	M	J	J	A	S	O	N	D

Schwarzmilan *Milvus migrans*

3er-Check

1 Unterseite dunkel

2 Lange, im Flug oft gewinkelte Flügel

3 Schwanzende schwach ausgeschnitten

Merkmale: Etwa so groß wie Mäusebussard, aber langschwänziger und langflügeliger. Männchen und Weibchen sind gleich.

Stimme: Hohes schnelles Wiehern, etwa »piiii i i...« oder »hüijrr...«.

Vorkommen: Brutvogel in Waldgebieten des Tieflandes in der Nähe von Seen, Flüssen und Feuchtgebieten; man sieht Schwarzmilane auch häufig am Wasser (z.B. Seeufer) fliegen und in der Nähe von Siedlungen und an Müllkippen bei der Nahrungssuche.

Lebensweise: Die Nahrung besteht vielfach aus toten oder kranken Fischen, die von der Wasseroberfläche aufgelesen werden, ferner aus Vögeln und kleinen Säugetieren, die gejagt, aber auch tot oder verletzt aufgelesen werden (Straße!), außerdem aus Amphibien, Reptilien, Regenwürmern oder Insekten und Abfall. Schwarzmilane segeln viel, können sich aus dem Segel- oder Gleitflug auch fast senkrecht nach unten fallen lassen und fliegen sehr wendig zwischen Bäumen. Das Nest steht hoch auf Bäumen, die Nestmulde ist häufig mit Papier, Plastikfetzen und anderem Abfall ausgelegt. Wenn die Jungen flügge sind, bilden sich auch größere Ansammlungen und Schlafgemeinschaften.

J	F	M	A	M	J	J	A	S	O	N	D

RL V *Milvus milvus* **Rotmilan**

3er-Check

1. Rostbraun, grauer Kopf
2. Lange, gewinkelte Flügel mit hellen Fenstern
3. Langer Schwanz meist deutlich eingeschnitten

Merkmale: Etwa so groß wie Mäusebussard, aber deutlich langschwänziger und langflügeliger. Männchen und Weibchen gleich. Heller als Schwarzmilan.

Stimme: Ruft weniger häufig als Schwarzmilan. Dünnes Pfeifen, auf- und absteigend wie »wiii-uuh ii uu ii uu...«.

Vorkommen: Brutvogel in Wäldern und Gehölzen im Tiefland, vor allem im Nordosten Mitteleuropas; jagt im offenen Land und in der Nähe von Siedlungen. Nicht so sehr ans Wasser gebunden wie Schwarzmilan. Selten auch im Winter.

Lebensweise: Die Nahrung besteht aus Kleinsäugern (Mäusen, Hamstern) und Vögeln, auch Aas und Abfällen. Nimmt Fische meist seltener als Schwarzmilan. Die Nester stehen hoch in Bäumen. Viele Reviere sind über Jahre von denselben Vögeln besetzt. Alte Nester und auch solche von anderen Greifvögeln werden wieder benutzt. Nach der Eiablage werden auch Lumpen, Papier und andere Abfälle in die Nestmulde eingetragen. In manchen Gegenden sammeln sich die überwinternden Rotmilane an bestimmten traditionellen Plätzen.

J	F	M	A	M	J	J	A	S	O	N	D

Baumfalke *Falco subbuteo*

RL 3

3er-Check

1 Oberseite dunkel schieferfarben, helle Unterseite grob schwarz gefleckt

2 Auffallender Backenbart, großes Auge dunkel

3 Lange, spitze Flügel, Schwanz relativ kurz

Merkmale: Etwas größer, vor allem langflügeliger und kurzschwänziger als Turmfalke. Männchen und Weibchen gleich gefärbt. Altvögel tragen rote »Hosen« und Unterschwanzdecken, die den matter gefärbten erwachsenen Jungvögeln fehlen.

Stimme: Zur Balzzeit keifende Rufreihen wie »gje gje gje...«, die an die Rufreihen des Wendehalses erinnern.

Vorkommen: Sommervogel in Wäldern, aber auch im offenen Land mit Gehölzen. Meist nicht häufig. Jagt bevorzugt am Wasser und über Feuchtgebieten, Mooren und feuchten Wiesen. Die Winterquartiere liegen im tropischen Afrika.

Lebensweise: Sehr schneller und gewandter Luftjäger, der von fliegenden Insekten (z.B. Libellen, Eintagsfliegen, schwärmenden Käfern, Heuschrecken) und von Vögeln lebt. Selbst Schwalben und Mauersegler werden gejagt. Die Nester stehen auf hohen Bäumen, mitunter auch auf Gittermasten. Ein eigenes Nest wird nicht gebaut. Als Nestunterlage dienen vor allem alte Krähennester, ferner auch Nester von Elstern, Ringeltauben oder Greifvögeln.

J	F	M	A	M	J	J	A	S	O	N	D

RL 3 *Falco peregrinus*

Wanderfalke

3er-Check

1. Oberseite dunkel, helle Unterseite fein gefleckt und quer gebändert
2. Auffallender Backenbart, Auge dunkel
3. Spitze Flügel an der Basis breit, Schwanz kurz

Merkmale: Viel größer als Turmfalke, Weibchen größer als Männchen. Viel mächtiger als Baumfalke, der auch einen Backenbart hat; keine roten Abschnitte auf der Unterseite. Erwachsene Jungvögel unterseits dunkel längs gestreift.

Stimme: Außerhalb des Brutplatzes wenig zu hören. Am Nestplatz gackernd in längeren Reihen »rähk rähk rähk...«.

Vorkommen: Sehr seltener Brutvogel an Felswänden der Mittel- und Hochgebirge; mitunter auch an Gebäuden (z.B. Nachkommen von Ausgesetzten). Bestand hat sich nach einem katastrophalen Rückgang wieder etwas erholt. Außerhalb der Brutzeit einzeln jagend in fast allen offenen Landschaften.

Lebensweise: Ausgesprochener Vogeljäger; wichtigste Beutetiere sind Tauben, Drosseln, Stare, Rabenvögel und im Winter auch Wasservögel. Vor dem Stoß auf die Beute Beschleunigung mit kräftigen schnellen Flügelschlägen oder Herabstürzen aus größerer Höhe mit angelegten Flügeln. Nester werden keine gebaut, Eier in Mitteleuropa auf ein Felsband oder am Boden einer Felsnische abgelegt.

J	F	M	A	M	J	J	A	S	O	N	D

Turmfalke *Falco tinnunculus*

3er-Check

1. Oberseite rotbraun mit dunklen Flecken (hier Weibchen)
2. Männchen Kopf grau
3. Langer Schwanz, spitze Flügel

Merkmale: Weibchen haben einen braunen Oberkopf, Schwanz bei ihnen braun und schwarz gebändert. Schwanz des Männchens grau, nur breite schwarze Binde am Schwanzende.

Stimme: Relativ oft zu hören hohe Rufreihen wie »kikikikiki...«. Am Brutplatz wimmernde und vibrierende Bettelrufe von Weibchen und Jungvögeln wie »zrirr...« oder »wriii...«.

Vorkommen: Neben Mäusebussard der verbreitetste Greifvogel in Mitteleuropa. Brütet in Städten, an Felswänden und auf Bäumen in offenen Landschaften oder in kleineren Gehölzen. Jagd über offenen Landschaften, vor allem Feldern und kurzrasigen Grünflächen. Im Winter ist ein Teil der Brutvögel weggezogen.

Lebensweise: Die Nahrung besteht aus kleinen Bodentieren, die aus dem Spähflug (dabei oft in der Luft stehend, »Rütteln«) oder vom Ansitz aus gejagt werden, vor allem Mäuse, Reptilien oder große Insekten; besonders in der Stadt wird auch die Vogeljagd versucht. Die Eier werden in ein Mauerloch, in eine Nische oder auf einen Felssims gelegt. Auf Bäumen brütende Paare benützen Nester von Rabenvögeln, Tauben oder anderen Greifvögeln.

J	F	M	A	M	J	J	A	S	O	N	D

RL R *Lagopus mutus* **Alpenschneehuhn**

3er-Check

1 Im Sommer grau bis bräunlich, Flügel (im Flug) überwiegend weiß

2 Im Winter schneeweiß

3 Im Frühjahr und Herbst weißscheckig, Flügel weiß

Merkmale: Kleiner als Haushuhn, gedrungene Gestalt. Die im Sommerhalbjahr überwiegend grauen Männchen haben im Frühjahr deutliche und im Sommer kleinere rote Augenwülste (»Rosen«), im Winter einen schwarzen Strich vom Schnabel zum Auge. Weibchen im Sommer oberseits braun mit komplizierter Musterung aus vielen feinen schwarzen Querbändern.

Stimme: Trocken knarrende und rhythmisch gegliederte Rufe, wie »arr orr ka-karrrr«, meist im Frühjahr zu hören.

Vorkommen: Brut- und Jahresvogel in Nordeuropa. In Mitteleuropa nur über der Baumgrenze in der Matten- und Felsstufe der Alpen.

Lebensweise: In ihrem alpinen Lebensraum sind Schneehühner zu allen Jahreszeiten meist gut getarnt und am ehesten beim Auffliegen zu entdecken. Die Nahrung besteht aus Pflanzenteilen in saisonal unterschiedlicher Zusammensetzung, wie Triebe, Knospen, Blätter und Beeren; Kükennahrung bilden vor allem Kleininsekten. Die Nester liegen zwischen Steinen und Zwergsträuchern am Boden. Der Hahn bleibt zunächst in Nestnähe, ist aber dann meist nicht bei den nestflüchtenden Jungen zu sehen.

J	F	M	A	M	J	J	A	S	O	N	D

Auerhuhn *Tetrao urogallus* RL 1

3er-Check

1. Sehr groß, braun oder dunkel (hier Männchen)
2. Relativ langer, gerundeter Schwanz
3. Weibchen braun und dunkel gemustert

Merkmale: Männchen größer als eine Gans, Weibchen etwa ein Drittel kleiner; größter mitteleuropäischer Hühnervogel, auch Weibchen noch deutlich größer als das ähnlich gefärbte Birkhuhn. Fliegt mit polterndem Flügelschlag auf.

Stimme: Wenig zu hören außerhalb der Balzzeit. Gesang des Männchens doppelsilbige, knackende Laute (»Kappen«), die sich zu einem Triller beschleunigen und dann durch einen plötzlichen knallenden Laut (»Hauptschlag«) beendet werden. Dann folgt noch rhythmisches Schleifgeräusch (»Wetzen«).

Vorkommen: Mittlerweile sehr seltener Brut- und Jahresvogel in alten, naturnahen Nadelwäldern mit vielen Beerensträuchern.

Lebensweise: Die Nahrung der Altvögel ist überwiegend pflanzlich, bei den Küken spielen vor allem Insekten und andere Kleintiere eine Rolle; im Herbst werden vor allem Beeren, im Winter Nadeln von Kiefer und Fichte genommen. Mehrere Männchen balzen im Spätfrühling auf traditionellen Balzplätzen mit hochgerecktem Kopf, gesträubtem Kehlbart und gefächertem Schwanz. Nur die Weibchen brüten und kümmern sich um die Küken.

J	F	M	A	M	J	J	A	S	O	N	D

RL 1 *Tetrao tetrix* **Birkhuhn**

1

2

3

3er-Check

1 Männchen schwarz, mit weißem Unterschwanz

2 Männchen mit roter »Rose«

3 Weibchen braun, fein dunkel gemustert

Merkmale: Größer als Rebhuhn, deutlich kleiner als Auerhuhn. Kompakte Gestalt. Männchen mit tief gegabeltem Schwanz und meist gekrümmten äußeren Schwanzfedern. Weibchen mit kürzerem abgerundeten Schwanz als Auerhuhn. Im Flug bei beiden Geschlechtern weißer Streifen im Flügel.

Stimme: Bei der Balz lassen Männchen kullernde oder blubbernde Laute hören und dazwischen ein Zischen.

Vorkommen: Sehr gefährdeter und selten gewordener Brut- und Jahresvogel in nur noch wenigen Mooren des Tieflandes sowie an der Baumgrenze der Alpen.

Lebensweise: Die Nahrung ist vorwiegend pflanzlich, Insekten und andere Kleintiere spielen vor allem in der Jungenernährung eine wichtige Rolle. Birkhühner sitzen nicht selten auf Bäumen (z.B. im Winter). Die Männchen balzen zusammen auf Balzplätzen meist am Boden. Eine Paarbindung besteht nicht. Die Nester liegen gut versteckt in die Vegetation auf dem Boden. Die Weibchen brüten allein und kümmern sich auch allein um die nestflüchtenden Jungvögel.

J	F	M	A	M	J	J	A	S	O	N	D

Fasan *Phasianus colchicus*

2er-Check

1. Langer dünner Schwanz (hier Weibchen)
2. Männchen Kopf bunt mit roten Gesichtslappen

Merkmale: Körper wie kleines Haushuhn, aber hochbeiniger. Kein anderer heimischer Hühnervogel hat einen ähnlich langen Schwanz. Weibchen sind braun mit dunkler Musterung, Schwanz etwas kürzer als bei Männchen.

Stimme: Der Revierruf (Gesang) des Männchens ist ein lautes, krähend-krächzendes »gö-gock«. Längere Reihen »gockgockgock...« sind bei erschrecktem Abfliegen zu hören, auch kreischende Rufe. Weibchen rufen aufgeschreckt hoch »zi-zik zi-zik...«.

Vorkommen: Brutvogel in einem langen Gürtel von Vorder- bis Ostasien in vielen Unterarten. In Mitteleuropa als Zuchtmischung verschiedener Unterarten von Jägern ausgesetzt und teilweise verwildert in offener und halboffener Kulturlandschaft. Gebietsweise werden aber zur Jagd immer wieder Fasane ausgesetzt.

Lebensweise: Die Nahrung besteht überwiegend aus Sämereien, Früchten und Pflanzenteilen, Junge benötigen am Anfang Insekten und andere kleine wirbellose Tiere. Ein Hahn hat normalerweise mehrere Hennen; die Weibchen bebrüten die Eier und führen die nestflüchtenden Jungen allein.

J	F	M	A	M	J	J	A	S	O	N	D

RL 2

Perdix perdix Rebhuhn

3er-Check

1 Gedrungen, mit kurzem Schwanz

2 Überwiegend grau, Gesicht orangebraun

3 Dunkler Bauchfleck, vor allem bei Männchen

Merkmale: Deutlich kleiner als Fasan, rundliche Gestalt. Männchen tragen in der Regel einen größeren dunklen Bauchfleck. Erwachsene Jungvögel sind bräunlich und unterseits nicht grau. Beim Abflug fallen die rotbraunen Schwanzfedern und die meist etwas nach unten gebogenen Flügel auf.

Stimme: Männchen und Weibchen rufen vor allem in der Dämmerung und nachts heiser »kirr-ik« oder »kirr-häk«. Beim überraschten Auffliegen hört man scharf und kurz »prri prri...«.

Vorkommen: Einstmals verbreiteter Brut- und Jahresvogel der Feldmark, heute selten geworden. Benötigt extensiv genutzte Grünflächen, Brachflächen und Feldraine.

Lebensweise: Die Nahrung der Altvögel besteht überwiegend aus Pflanzenteilen und Sämereien; Insekten werden aber auch genommen. Die Jungen benötigen in den ersten Wochen abwechslungsreiche Kleintiernahrung. Die Nester stehen am Boden in guter Deckung. Das Paar hält oft ein Leben lang zusammen; das Weibchen brütet und das Männchen hält Wache. Beide Eltern führen dann die nestflüchtenden Jungen gemeinsam.

J	F	M	A	M	J	J	A	S	O	N	D

Wachtel *Coturnix coturnix*

2er-Check

1 Rundlich, klein, bräunlich

2 Oberseite längsstreifig gemustert

Merkmale: Nur ausnahmsweise hat man die Möglichkeit, eine Wachtel am Boden zu sehen. Auffliegend wirkt der Vogel wie ein Fasanenküken (die Küken der Feldhühner können fliegen, bevor sie voll ausgewachsen sind). Die Flügel sind aber im Vergleich zu anderen Hühnern relativ lang und spitz. Meist fliegen aufgescheuchte Wachteln nicht weit.

Stimme: Der bekannte Schlag des Männchens verrät die Anwesenheit des versteckt lebenden Vogels. Er ist rhythmisch dreisilbig und klingt wie »bick-per-wick«.

Vorkommen: Brut- und Sommervogel in offenen Getreide- und Kleefeldern und auf brachliegenden Wiesen. In Mitteleuropa sehr selten geworden. Einziger Zugvogel unter unseren Hühnern mit Winterquartier in Afrika. Auf dem Zug kann man einzelne Wachteln an den verschiedensten Stellen finden.

Lebensweise: Die Nahrung bilden vor allem kleine Samen und weniger grüne Pflanzenteile im Vergleich zum Rebhuhn. Auch viele Insekten werden genommen. Bei Gefahr suchen sie meist zu Fuß Deckung auf. Das Nest steht gut versteckt am Boden.

J	F	M	A	M	J	J	A	S	O	N	D

RL 2

Crex crex **Wachtelkönig**

3er-Check

1. Oberseite rötlichbraun, dunkel gemustert
2. Beine länger als Wachtel
3. Vorderhals grau

Merkmale: Nur ganz ausnahmsweise bekommt man einen Wachtelkönig zu Gesicht. Optische Merkmale spielen daher nur bei verletzt gefundenen oder an ein Hindernis angeflogenen Vögeln eine Rolle. Männchen und Weibchen sind gleich gefärbt; der Körper ist etwas größer und vor allem schlanker als der einer Wachtel.

Stimme: Sie ist für die Feststellung der Anwesenheit so gut wie allein entscheidend. Die Männchen balzen vor allem nachts, seltener auch tagsüber mit schnarrenden Doppellauten, die meist in langen Reihen zu hören sind und hölzern klingen wie »rrrep-rrrep rrrep-rrrep...«.

Vorkommen: Sehr selten gewordener Sommervogel, vor allem in feuchten Wiesen von Flussniederungen, in Sümpfen, aber auch auf Brachflächen und sogar in Getreidefeldern. In Mitteleuropa sind viele Vorkommen auf kleinen Flächen unstet.

Lebensweise: Die Nahrung besteht vor allem aus Insekten und anderen wirbellosen Kleintieren; es werden auch Sämereien und grüne Pflanzenteile genommen. Das Nest steht gut gedeckt am Boden.

J	F	M	A	M	J	J	A	S	O	N	D

Blässhuhn *Fulica atra*

3er-Check

1. Altvogel schieferschwarz
2. Schnabel und Stirn weiß
3. Keine Schwimmhäute, sondern einzelne Schwimmlappen an den Zehen

Merkmale: Rundlicher und gedrungener Schwimmvogel, etwas kleiner als Stockente. Im Unterschied zu Enten ist der Schnabel spitz. Das weiße Stirnschild ist bei Männchen etwas größer als bei Weibchen und im Herbst kleiner als im Frühjahr. Jungvögel haben weißen Vorderhals und kein Stirnschild.

Stimme: Weibchen rufen laut »köw« (fast etwas hustend), Männchen scharf »pix« oder »pssi«, auch fast stimmlos platzend »pkt«.

Vorkommen: Häufiger Jahresvogel auf stehenden Gewässern aller Art, im Winterhalbjahr auch auf Parkteichen und an Futterstellen am Wasser in der Stadt.

Lebensweise: Schwimmt kopfnickend und setzt mit einem kleinen Kopfsprung zum Tauchen an. Vor dem Auffliegen oder überrascht laufen Blässhühner platschend und flügelschlagend auf der Wasseroberfläche. Die Nahrung ist vielseitig und besteht aus Wasserpflanzen und kleinen Wassertieren, an grasigen Ufern weiden die Vögel auch. Brutreviere werden oft mit Rangeleien verteidigt. Das Nest ist ein recht umfangreicher Bau und steht meist in der Ufervegetation im Wasser.

J	F	M	A	M	J	J	A	S	O	N	D

RL V *Gallinula ochropus* **Teichhuhn**

1

2

2er-Check

1 Dunkel, kurzer Schwanz zeigt beim Schwimmen nach oben

2 Altvögel rotes Stirnschild, roter Schnabel mit gelber Spitze

Merkmale: Etwa taubengroß; Männchen und Weibchen gleich gefärbt. Beim Schwimmen auffälliges Kopfnicken, auch beim Laufen fällt das Zucken des gestelzten Schwanzes auf. Lange grünliche Beine und lange Zehen ohne Schwimmhäute.

Stimme: Häufig hört man kurz, etwas guttural »kürrrk« und bei Beunruhigung ein scharfes »ki-keck«.

Vorkommen: Verbreiteter Brutvogel und meist Jahresvogel an Seen, Teichen, Flüssen, Bächen, Kleingewässern und Sümpfen, sofern ausreichende Seichtwasser- oder Ufervegetation vorhanden ist. In manchen Gebieten auch zutraulicher Parkvogel, der sich dann auch außerhalb von Deckung bewegt.

Lebensweise: Die Nahrung setzt sich aus pflanzlichen und tierischen Bestandteilen zusammen, wie Samen, Blattspitzen, Insekten oder Weichtieren. Hält sich meist am Ufer auf, schwimmt aber auch auf der offenen Wasserfläche, läuft auf ufernahen Wiesen und klettert geschickt in der Ufervegetation. Tauchen ist selten. Das Nest steht gut gedeckt am Ufer. Die Jungen werden von beiden Eltern geführt.

J	F	M	A	M	J	J	A	S	O	N	D

Wasserralle *Rallus aquaticus*

3er-Check

1. Geduckte Gestalt, mittellange Beine, lange Zehen
2. Leicht gebogener, dünner Schnabel
3. Kurzer Schwanz meist steil gestellt

Merkmale: Größer als Amsel, Männchen und Weibchen sind gleich gefärbt. Der Schnabel ist nur bei Altvögeln rot, wirkt aber aus der Entfernung meist dunkel. Erwachsene Jungvögel sind auf der Unterseite heller, lassen aber wie die Altvögel an den Seiten eine schwarz-weiße Streifung erkennen.

Stimme: Da die Vögel sehr versteckt leben, sind die Rufe wichtige Hinweise auf ihre Anwesenheit. Häufigster Ruf klingt wie gedämpftes Ferkelquieken, etwas grunzend »krruuieh...« meist mehrmals hintereinander und dabei immer schwächer werdend. Erregungsrufe sind kurze »kip...«. Nachts singen die Männchen hämmernd »küpp küpp küpp...«, oft sehr hartnäckig.

Vorkommen: Brutvogel in Feuchtgebieten mit dichter Vegetation (Röhricht, Großseggen), mitunter auch an Kleingewässern. Im Winter selten, da viele nach West- und Südeuropa sowie Nordafrika wegziehen.

Lebensweise: Die Nahrung besteht vor allem aus Kleintieren wie Insekten, kleinen Schnecken, Würmern usw. Das Nest ist gut versteckt im Röhricht oder in Wiesen nahe dem Wasser.

J	F	M	A	M	J	J	A	S	O	N	D

Säbelschnäbler

Recurvirostra avosetta

3er-Check

1. Überwiegend weiß
2. Feiner, nach oben gebogener Schnabel
3. Lange blaugraue Beine

Merkmale: Körper kleiner als der der Krähe; Männchen und Weibchen sind gleich gefärbt. Das überwiegend weiße Gefieder kann bei ungenauem Hinsehen leicht mit einer Möwe verwechselt werden, vor allem wenn einzelne Säbelschnäbler in Möwentrupps stehen und beim Ruhen den Schnabel im Gefieder haben. Wichtig ist dann der schwarze Oberkopf als Kennzeichen.

Stimme: Der am häufigsten zu hörende Ruf ist ein klangvolles »plütt plütt plütt…«.

Vorkommen: Brutvogel an der Nordseeküste sowie an den Küsten des Atlantik und in Südeuropa. Im mitteleuropäischen Binnenland in der Regel nur seltener Gast. Im Winter sind die meisten abgezogen und überwintern von Westeuropa bis Afrika.

Lebensweise: Die Nahrung besteht aus kleinen wirbellosen Seichtwassertieren, bei deren Fang sich der Kopf oft seitwärts bewegt und der leicht geöffnete Schnabel damit durch das Wasser oder den Schlick gezogen wird. Das Nest ist lediglich eine flache Bodenmulde; mitunter brüten Säbelschnäbler in kleinen Kolonien oder in der Nähe anderer Strandvögel. Die Jungen sind Nestflüchter.

J	F	M	A	M	J	J	A	S	O	N	D

Austernfischer *Haematopus ostralegus*

2er-Check

1. Stämmige Gestalt, auffallend schwarz-weiß
2. Langer roter Schnabel

Merkmale: Etwa krähengroß, Männchen und Weibchen gleich gefärbt. Im Schlichtkleid ist ein weißes Kehlband erkennbar.

Stimme: Sehr ruffreudig und weit hörbar. Am häufigsten zu hören ist ein schrilles »kiip«, auch mehr oder minder deutlich zweisilbig. Bei der Balz am Boden ein »Trillern«, eine sich allmählich beschleunigende Rufreihe wie »kewik kewick kewickkewick kwik kwik keriirrrrr...«.

Vorkommen: Häufiger Küstenvogel, im flachen Küstenhinterland auch auf Feuchtwiesen. Im tieferen Binnenland jedoch meist nur eine Ausnahmeerscheinung.

Lebensweise: Die Nahrung besteht aus Muscheln, Schnecken, Krebstieren und Würmern, die teilweise durch Stochern aus dem Schlick geholt werden. Mit Hilfe einer seitlich zusammengedrückten, fast messerartigen Schnabelspitze können auch hartschalige Muscheln geöffnet werden. Die Eier werden in eine flache Bodenmulde auf Sand- oder Kiesboden gelegt, auch Nestmulden in Wiesen oder sogar auf flachen Hausdächern. Beide Partner führen die nestflüchtenden Jungen.

J	F	M	A	M	J	J	A	S	O	N	D

RL 2 *Vanellus vanellus* **Kiebitz**

1

2

3

3er-Check

1 Oberseite dunkel, Unterseite überwiegend weiß

2 Kurzer Schnabel, Federschopf

3 Breite, unterseits schwarz-weiße Flügel

Merkmale: Größe wie Taube, Männchen und Weibchen gleich gefärbt, doch Unterscheidung im Prachtkleid möglich: Weibchen haben etwas kürzere Federholle, weiße Federn im schwarzen Vorderhals und schmalere Flügelenden. Erwachsene Jungvögel kurze Federholle, weißer Vorderhals und bräunliche Federränder auf dem Rücken.

Stimme: Etwas weinerlich klingende Rufe »kie wi« oder rauer »kchu-it«, als Alarmruf für die Jungen »pie wi«. Im akrobatischen Balzflug singt das Männchen »chä-chuit wit-wit-wit-wit chiu-witt«.

Vorkommen: Brutvogel in Feuchtgebieten und Sümpfen, auf kurzrasigen Wiesen und auf Äckern, Ödflächen und nahe am Wasser. Hat sehr stark abgenommen. Abseits von Brutplätzen in Scharen im Seichtwasser und auf Wiesen; im Winter selten.

Lebensweise: Die Nahrung besteht hauptsächlich aus kleinen Bodentieren. Das Nest ist eine kleine ausgelegte Bodenmulde; das Gelege enthält 4 Eier. Die nestflüchtenden Jungen müssen auf heutigen Agrarflächen meist aus der Nestumgebung abwandern. Schon im Sommer sieht man größere Schwärme wandern.

J	F	M	A	M	J	J	A	S	O	N	D

Kiebitzregenpfeifer *Pluvialis squatarola*

3er-Check

1. Schlichtkleid Oberseite grau, Unterseite heller
2. Dicker Kopf, kurzer kräftiger Schnabel
3. Prachtkleid mit schwarzer Vorderseite

Merkmale: Körper deutlich größer als Drossel; Weibchen im Prachtkleid mit weißen Federn auf der schwarzen Unterseite. Auf dem Boden bewegen sich die Vögel meist bedächtig. Im Flug auch im Schlichtkleid schwarze Achselfedern und breiter weißer Flügelstreif auffallend.

Stimme: Dreisilbig, etwas wehmütig klingend »pie-ü-it«.

Vorkommen: Brutvogel der hocharktischen Tundra. In Mitteleuropa nur Gastvogel, vor allem an der Küste (hier auch in kleiner Zahl überwinternd). Im Binnenland am Flachufer von Gewässern und auf Schlammflächen lediglich nicht häufiger Durchzugsgast.

Lebensweise: Im Watt und Uferschlamm suchen die Vögel vor allem kleine Weichtiere, Würmer und Krebstiere; im Sommer am Brutplatz leben sie vor allem von Insekten. An den Küsten sieht man auch größere Scharen, im Binnenland meist nur einzelne oder wenige beisammen. Die Nester stehen auf kleinen, möglichst früh schneefreien Bodenerhöhungen in der Tundra. Das Hauptwintergebiet der durch Mitteleuropa wandernden Vögel sind die Küsten Afrikas.

J	F	M	A	M	J	J	A	S	O	N	D

Charadrius dubius Flussregenpfeifer

3er-Check

1. Oberseite braun, runder Kopf
2. Schwarz-weiße Kopfzeichnung, kurzer Schnabel dunkel, gelber Augenring
3. Beine braungelb bis fleischfarben

Merkmale: Größe zwischen Sperling und Amsel, Männchen und Weibchen sind gleich gefärbt. Im Flug sieht man keine weiße Flügelbinde. Im Jugendkleid Brustband braun.

Stimme: Häufigster Ruf ist ein kurz abfallendes, pfeifendes »piu«. Bei Gefahr hört man hartes »prri« oder »rrerrere...«, bei der Balz im Flug raue »krrria krria...«.

Vorkommen: Einzelner Brut- und Sommervogel auf vegetationsarmen Schlamm-, Sand- und Kiesflächen, z.B. Flusskiesbänke, Kies- und Sandgruben, Ödflächen. Kommt hoher Bewuchs auf, wird der Platz verlassen. Auf dem Zug auch an Seeufern.

Lebensweise: Am Boden werden Insekten abgelesen und auch schnell bewegliche gefangen. Die Vögel rennen mit sehr schnellen Trippelschritten und bleiben dann oft plötzlich stehen. Die einfache Nestmulde ist hervorragend getarnt; auch die Eier gleichen den Kieseln der Umgebung. Daher werden Gelege auch leicht unabsichtlich zertreten. Die nestflüchtenden Jungen ducken sich bei Gefahr und sind ebenfalls sehr gut getarnt. Beide Partner führen die nestflüchtenden Jungen.

J	F	M	A	M	J	J	A	S	O	N	D

Sandregenpfeifer *Charadrius hiaticula* RL 2

3er-Check

1. Oberseite hellbraun
2. Schwarz-weiße Kopfzeichnung; Schnabelbasis meist gelblich
3. Beine gelb

Merkmale: Etwas größer und massiger als der sehr ähnliche Flussregenpfeifer; Männchen und Weibchen sind gleich gefärbt. Im Schlichtkleid und Jugendkleid Brustband braun (und oft unterbrochen), schwarze Kopfzeichnung dann dunkelbraun.

Stimme: Weich flötende Rufe, deutlich zweisilbig und ansteigend »dü-ip«, bei Gefahr einsilbig »tiip«. Der Gesang am Brutplatz besteht aus schnellen rhythmischen Rufreihen, etwa »tiwila tiwila...«.

Vorkommen: In Mitteleuropa nur Brutvogel an der Küste, auf offenen, vegetationslosen Flächen; im Binnenland nur in Küstennähe, sonst selten. Auf dem Durchzug jedoch auch regelmäßig an Seeufern und auf Schlammflächen im Binnenland, meist in kleinen Trupps, im Winter in geringerer Anzahl.

Lebensweise: Im schnellen Laufen werden bewegliche Kleintiere am Boden gefangen, vor allem Insekten. Läuft in schnellen Trippelschritten und stoppt dann plötzlich. Das Nest ist eine flache Mulde in weichem Untergrund; Gelege besteht aus 4 Eiern, deren Schale tarnfarbig gezeichnet ist. Die nestflüchtenden Küken werden von beiden Partnern geführt.

J	F	M	A	M	J	J	A	S	O	N	D

RL 1 *Charadrius alexandrinus*

Seeregenpfeifer

3er-Check

1 Kein geschlossenes dunkles Brustband

2 Schnabel schwarz

3 Beine dunkel

Merkmale: Kleiner, dünnschnäbeliger und hochbeiniger als Sandregenpfeifer. Weißes Flügelband im Flug sichtbar. Bei Männchen im Prachtkleid Scheitel und Nacken rostbraun; Abzeichen auf den Brustseiten scharf abgesetzt schwarz. Weibchen kein Rostbraun auf dem Kopf; Andeutungen eines Bandes auf den Brustseiten braun und nicht immer deutlich.

Stimme: Bei Erregung fein »drrip«, sonst weich pfeifen »djuitt« oder im Flug ganz kurz »bipp«.

Vorkommen: In Mitteleuropa an sandigen Flachküsten Brut- und Sommervogel, im Binnenland nur ganz ausnahmsweise als Gast während der Zugzeiten. Das Winterquartier reicht von Südwesteuropa und vom Mittelmeer bis ins tropische Afrika.

Lebensweise: Läuft mit raschen trippelnden Schritten über den Sand. Kleintiere werden von der Oberfläche aufgepickt oder mit kurzem Schnabelstochern aus den obersten Bodenschichten geholt. Das Nest ist eine offene Bodenmulde, meist an eine kleine Erhebung als Deckung angelehnt. Die 4 Eier sind wie bei anderen Regenpfeifern durch ihr Farbmuster hervorragend getarnt.

J	F	M	A	M	J	J	A	S	O	N	D

Uferschnepfe *Limosa limosa* RL 1

3er-Check

1. Langbeinig, langer gerade Schnabel
2. Schwarz-weißer Schwanz, weiße Flügelbinde
3. Im Prachtkleid Kopf, Hals und Brust rostbraun

Merkmale: Größer als Taube. Im Prachtkleid hat das Männchen mehr rostbraune Federn als das Weibchen; im Schlichtkleid sind Männchen und Weibchen gleich gefärbt.

Stimme: Außerhalb der Brutzeit nicht auffällig, kurze Rufe wie »wäd« oder »geg«. Am Brutplatz Balz und Reviermarkierung im Flug mit schnellen lauten und rhythmischen Rufreihen »wättü-wütto wättü-wütto…«.

Vorkommen: Nicht häufiger Brutvogel in Feuchtwiesen und Niedermooren, vor allem in Küstennähe; nur an wenigen Stellen des Binnenlandes. Auf dem Zug einzeln oder auch in größeren Trupps an See- und Teichufern im Seichtwasser. Winterquartier an der Atlantikküste in Südwesteuropa und in Afrika.

Lebensweise: Die Nahrung ist vielseitig und besteht vor allem aus Kleintieren, die aus den obersten Bodenschichten oder aus dem Schlamm im Seichtwasser gestochert werden. Das Nest steht auf dem Boden und ist eine mit Halmen aus der Umgebung ausgekleidete Mulde. Die nestflüchtenden Küken wandern mit den Eltern oft weiter vom Nestplatz weg.

J	F	M	A	M	J	J	A	S	O	N	D

RL 2 *Numenius arquata*

Großer Brachvogel

1

2

3

3er-Check

1. Langbeinig; Gefieder braun, dunkel gemustert
2. Schnabel lang, nach unten gebogen
3. Im Flug weißer Rückenkeil

Merkmale: Größter einheimischer Watvogel, größer als Krähe. Männchen und Weibchen gleich gefärbt; Weibchen haben längeren Schnabel.

Stimme: Flötend und weit zu hören »kürli« oder mit rauem Anlaut »chrüii«, bei Erregung auch mehrmals »tüi tüi tüi«. Im Brutrevier Gesang mit langen Lauten beginnend, etwa »guug guug guug…«, die dann schneller werden und in einen Triller übergehen.

Vorkommen: Brutvogel in Mooren, Feuchtwiesen, bewirtschafteten Grünflächen und sogar manchmal auf Äckern. Hat sehr stark abgenommen. Auf dem Zug in kleineren und größeren Trupps an Küsten, Seeufern und auf Wiesen. Im Winter regelmäßig nur in Küstengebieten. Hauptwinterquartier Westeuropa bis Westafrika.

Lebensweise: Mit dem langen Schnabel werden Kleintiere vom Boden aufgepickt, aus Erdlöchern und dem Seichtwasser geholt oder auch aus weichem Untergrund gestochert. Die Männchen markieren das Brutrevier mit ihrem Singflug. Das Nest ist eine flache Bodenmulde, das Gelege besteht aus 4 Eiern. Die nestflüchtenden Küken werden von beiden Eltern geführt.

J	F	M	A	M	J	J	A	S	O	N	D

Waldschnepfe *Scolopax rusticola*

3er-Check

1. Rücken braun gemustert, Körper gedrungen
2. Langer, gerader Schnabel
3. Dicker Kopf, quer gestreift

Merkmale: Etwa taubengroß, fliegt aufgescheucht mit schnellen Flügelschlägen; Flügel nicht so spitz wie bei anderen Watvögeln. Männchen und Weibchen gleich gefärbt. Man sieht den Vogel sehr selten auf dem Boden sitzen oder laufen.

Stimme: Man hört nicht sehr laute hohe »ziwitz« im Flug. Das balzende Männchen äußert im Flug (»Schnepfenstrich«) 3 bis 4 dumpfe »oart oart...«, die mit einem hohen »pissp« abschließen.

Vorkommen: Versteckter Brutvogel in feuchten Laub- und Mischwäldern, die Lichtungen und Schneisen aufweisen. Am besten im April/Mai zu beobachten, wenn die Männchen in der Abenddämmerung balzend über Waldlichtungen fliegen. Auf dem Zug oder bei Wintereinbruch auch in anderen Biotopen.

Lebensweise: Meist Einzelgänger und oft nur aufgescheucht zu sehen; hauptsächlich dämmerungs- und nachtaktiv. Die Nahrung besteht vor allem aus Kleintieren (z.B. Regenwürmer), die aus dem Laubstreu oder dem weichen Boden mit dem langen Schnabel heraus gestochert werden. Das Nest ist eine Bodenmulde meist am Rande eines geschlossenen Baumbestandes.

J	F	M	A	M	J	J	A	S	O	N	D

RL 1 *Gallinago gallinago* **Bekassine**

3er-Check

1. Rücken braun, mit hellen und dunklen Längsstreifen
2. Langer, gerader Schnabel
3. Kleiner Kopf, längs gezeichnet

Merkmale: Etwa drosselgroß. Männchen und Weibchen gleich.

Stimme: Aus der Deckung aufgescheucht im Abflug nasale Rufe wie »kätsch« oder zweisilbig »kä ätsch«. Im Brutrevier von einer Sitzwarte aus lang anhaltender rhythmischer Gesang wie »tick-a tick-a tick-a...«. Über dem Brutrevier hört man im Sturzflug das »Meckern«, ein rasches »huhuhuhuhu...«: Es entsteht durch die Vibration der abgespreizten äußersten Schwanzfedern.

Vorkommen: Brutvogel in Mooren, Sümpfen und Feuchtwiesen, sehr stark zurückgegangen. Außerhalb der Brutzeit auch auf Schlammflächen, an Ufern stehender Gewässer, an Küsten, aber auch an kleinen Wasserstellen und an Gräben. Im Winter selten, die meisten Bekassinen sind Zugvögel.

Lebensweise: Lebt versteckt und drückt sich bei Gefahr zunächst in Deckung. Hochgescheucht fliegen die Vögel oft im reißenden Zickzackflug ab. Mit dem langen Schnabel werden Kleintiere aus den weichen oberen Bodenschichten geholt. Das Nest steht auf nassem bis feuchtem Untergrund, gut versteckt in der Vegetation. Das Gelege besteht aus 4 Eiern.

J	F	M	A	M	J	J	A	S	O	N	D

Rotschenkel *Tringa totanus* RL 2

3er-Check

1. Schlank, langbeinig, Schnabel mittellang
2. Beine orangerot
3. Weißer Flügelhinterrand

Merkmale: Körper etwas größer als eine Drossel. Männchen und Weibchen sind gleich gefärbt. Das Prachtkleid ist etwas stärker gefleckt. Bei erwachsenen Jungen sind die Beine gelborange.

Stimme: Kräftig und langgezogen flötend »tjüü«, auch mehrsilbig »tjüt tjüt«: Bei Gefahr ausdauernd »gip gip...«. Gesang zur Brutzeit klangvoll, meist im Gleitflug vorgetragen »dahidl dahidl dahidl...«.

Vorkommen: Brutvogel in Feucht- und Marschwiesen des Tieflandes, vor allem in Küstennähe. Tiefer im Binnenland nur wenige Brutplätze. Auf dem Durchzug häufig an der Küste, einzeln und in kleinen Trupps auch regelmäßig an Seeufern und auf Schlammflächen im Binnenland. Im Winter nur an der Küste.

Lebensweise: Meist sind Rotschenkel sehr aufmerksam und ruffreudig. Ihre Nahrung besteht überwiegend aus Kleintieren, die sie im Seichtwasser, im Schlamm und Watt oder auf dem Boden erbeuten. Das Nest ist in der Bodenvegetation meist gut versteckt, oft sogar auch durch ein Haube aus Grashalmen nach oben. Die nestflüchtenden Jungen werden von beiden Eltern oft vom Nest weg in ein gemeinsames Aufzuchtgebiet mehrerer Paare geführt.

J	F	M	A	M	J	J	A	S	O	N	D

Tringa nebularia **Grünschenkel**

3er-Check

1 Langbeinig, Bauch weiß

2 Mittellanger, kräftiger Schnabel, oft leicht aufgebogen

3 Beine grünlichgrau

Merkmale: Etwas größer als Rotschenkel, Schnabel schwach oder auch deutlich aufwärts gebogen. Wirkt im Jugend- und Schlichtkleid (bei uns am häufigsten zu sehen) recht hell, vor allem am Kopf. Im Prachtkleid (Frühjahr) dunkle Flecken an Hals und Brust. Männchen und Weibchen gleich gefärbt.

Stimme: Häufig zu hören ist ein lauter, flötender, für die Art sehr typischer Ruf, meist dreisilbig »tjü tjü tjü«. Wird der Vogel überrascht, kann sich die Stimme schrill überschlagen. Im Balzflug etwas leiernd »klu-wü klu-wü...« in längeren Reihen.

Vorkommen: Brutvogel in der Umgebung von Waldmooren oder am Wasser im Norden. In Mitteleuropa regelmäßiger Durchzügler. Im Frühjahr und Herbst einzeln oder in kleinen Gruppen im Seichtwasser der verschiedensten Gewässertypen, auch an Flüssen und mitunter an kleinen Tümpeln. Das Winterquartier reicht vom atlantischen Westeuropa bis Südafrika.

Lebensweise: Kleintiere, wie Würmer, Krebstiere, Insektenlarven, auch Kaulquappen oder sehr kleine Fischchen werden in der Regel im Seichtwasser oder im Schlamm erbeutet.

J	F	M	A	M	J	J	A	S	O	N	D

Flussuferläufer *Actitis hypoleucos* RL 1

3er-Check

1. Oberseite braun, weißer Keil an Halsseiten
2. Dunkler Strich durchs Auge, mittellanger Schnabel
3. Schmales weißes Flügelband

Merkmale: Gut starengroß, für einen Watvogel relativ kurzbeinig. Sehr kennzeichnend ist der ständig wippende Hinterkörper. Ebenso der Flug niedrig über die Wasseroberfläche mit schnellen, fast zuckenden Flügelschlägen und kurzen Gleitstrecken, bei denen die Flügel steif nach unten gebogen sind. Männchen und Weibchen gleich gefärbt.

Stimme: Besonders im Flug helle Pfeiftöne wie »hi-dii-di-di-di« (etwas abfallend). Warnruf durchdringende »hiiip«. Gesang rhythmisch hoch und rhythmisch »swidihi swidihi...«.

Vorkommen: Nicht häufiger und in vielen Gebiet fehlender Brutvogel an Flüssen und Bächen, auch an Stillgewässern mit Kiesbänken und bewachsenen Ufern. Auf dem Durchzug meist einzeln an allen Gewässertypen. Winterquartier von Südeuropa bis Afrika.

Lebensweise: Kleintiere, vor allem Insekten, werden vom Boden abgelesen oder durch schnelles Zuschnappen gefangen. Häufig hört man die Rufe auch bei Dunkelheit. Das Nest steht meist gut versteckt an Ufern, auf Inseln in der Vegetation. Die nestflüchtenden Jungen werden von beiden Partnern geführt.

J	F	M	A	M	J	J	A	S	O	N	D

RL 1 *Philomachus pugnax* **Kampfläufer**

3er-Check

1. Gedrungener Körper, Kopf relativ klein, Schnabel mittellang
2. Beine gelblich bis rötlich
3. Männchen im Prachtkleid auffallend bunt

Merkmale: Die Männchen (mindestens Rotschenkelgröße) sind deutlich größer als die Weibchen (wenig größer als Alpenstrandläufer). Das Prachtkleid der Männchen ist nur kurze Zeit im Frühjahr und außerhalb der Brutplätze meist nur teilweise zu sehen.

Stimme: Rufe sind in der Regel nicht zu hören.

Vorkommen: Brutvogel in Feuchtwiesen, Sümpfen und Mooren der Taiga und der Tundra. Seltener Brutvogel in Norddeutschland auf feuchten Niederungswiesen; sonst nur Durchzügler im Frühjahr und Herbst, manchmal auch in größeren Trupps auf Schlammflächen, an Seeufern oder in Überschwemmungswiesen. Die Winterquartiere liegen in Afrika südlich der Sahara.

Lebensweise: Die Nahrung besteht aus Kleintieren des Bodens und des Seichtwassers. Auf meist traditionellen Balzplätzen findet eine Arenabalz der Männchen statt, bei der Scheinkämpfe (kurze Sprünge, Flügelflattern, Imponierhaltungen, kurze Attacken) zwischen den Männchen ausgefochten werden. Die Weibchen besuchen die Balzplätze nur kurz zur Paarung. Sie kümmern sich dann allein um Gelege und Junge.

J	F	M	A	M	J	J	A	S	O	N	D

Alpenstrandläufer *Calidris alpina* RL 1

3er-Check

1. Geduckte Haltung, mittellange dunkle Beine
2. Dunkler, oft leicht gebogener Schnabel
3. Im Prachtkleid schwarzer Bauch

Merkmale: Etwa starengroß, im Schlichtkleid Oberseite grau, Unterseite weiß. Männchen und Weibchen gleich gefärbt.

Stimme: Vor allem beim Abfliegen gepresst und rau »chrüüü« oder »trrii«. Kurze Rufe im Trupp »plipp-ipp-ipp...«. Der Gesang im Flug besteht aus gepressten Rufreihen, die dann in einen hart rollenden Triller übergehen, wenn der Vogel zu Boden gleitet.

Vorkommen: Brutvogel im Norden; in Mitteleuropa nur ein winziger Restbestand in Küstennähe. Zu den Zugzeiten regelmäßiger Gast an der Küste und an Schlammflächen im Binnenland. Im Wattenmeer in riesigen Scharen, deren auffällige Flugmanöver an Stare erinnern. Im Winter meist nur an der Küste. Das Winterquartier reicht bis Westafrika.

Lebensweise: Kleintiere im Schlamm werden im raschen Sondieren erbeutet oder von der Oberfläche gepickt; am Brutplatz fangen die Vögel auch Insekten. An Rastplätzen sind sie meist emsig auf der Nahrungssuche. Das Nest ist in der Regel gut in der Bodenvegetation versteckt. Beide Partner führen die nestflüchtenden Jungen.

J	F	M	A	M	J	J	A	S	O	N	D

Calidris canutus Knutt

3er-Check

1. Gedrungener Körper; dunkler Schnabel nicht viel länger als Kopf
2. Schlicht- und Jugendkleid grau mit weißem Bauch
3. Prachtkleid unterseits orangerot

Merkmale: Größer als Star. Männchen und Weibchen gleich gefärbt; im Prachtkleid sind Männchen etwas satter rostbraun.

Stimme: Wenig auffallend und nicht häufig zu hören. Im Flug kurze nasale Rufe »wätt-wätt«.

Vorkommen: Brutvogel der Küstentundra in der Arktis. In Mitteleuropa Durchzügler und Sommergast, in großer Zahl vor allem an der Nordseeküste; im Binnenland nur seltener Durchzügler, einzeln und höchstens in kleinen Trupps. Die wichtigsten Winterquartiere der durch Mitteleuropa wandernden Brutvögel aus dem nördlichen Mittelsibirien liegen an der Atlantikküste von Südeuropa bis ins tropische Westafrika. In Mitteleuropa beginnt der Höhepunkt des Wegzuges im August; der Heimzug konzentriert sich auf den Mai.

Lebensweise: In Mitteleuropa leben Knutts hauptsächlich von wirbellosen Kleintieren des Watts wie kleinen Mollusken und Krebstieren. An den arktischen Brutplätzen muss pflanzliche Nahrung das nur kurzfristig vorhandenes Insektenangebot ergänzen. Bei Ebbe sind die Vögel im Wattenmeer auch nachts auf Nahrungssuche. Mit dem Schnabel wird in den weichen Schlick gestochen.

J	F	M	A	M	J	J	A	S	O	N	D

Mantelmöwe *Larus marinus* RL R

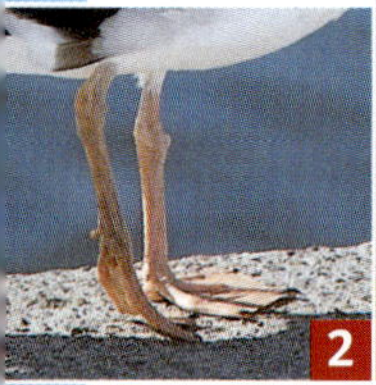

3er-Check

1 Schwarze Oberflügel

2 Beine graurosa oder fleischfarben

3 Mächtiger Schnabel

Merkmale: Größte Möwe, deutlich größer als Bussard. Jungvögel sind braun gemustert, erst im 4. Jahr ausgefärbt und in den ersten Kleidern schwer von den Jungen anderer Großmöwen zu unterscheiden. Männchen und Weibchen gleich gefärbt.

Stimme: Tiefer als andere Großmöwen »kau« oder »krao«; Warnruf »gagagag«. Langsames und tiefes Jauchzen (vergl. Silbermöwe).

Vorkommen: Ausgesprochener Meeresvogel. Brutvogel an den Küsten des Nordatlantik und an der Ostseeküste in Skandinavien und im Baltikum. In Mitteleuropa nur ausnahmsweise Brutvogel an der Nordseeküste, aber ganzjähriger Gast an der Küste, oft in Gesellschaft anderer Möwen. Im Binnenland selten und meist nur einzeln.

Lebensweise: Die Nahrung ist äußerst vielseitig, vorwiegend tierisch; besonders Fische, Weichtiere, Krebstiere, auch Vögel (vor allem Jungvögel) und Eier, Kleinsäuger sowie Abfälle. Kolonien anderer Seevögel werden heimgesucht, aber auch z.B. Küken von Eiderenten verfolgt. Die Nester stehen an der Küste auf wenig bewachsenen Stellen einzeln oder in Kolonien.

J	F	M	A	M	J	J	A	S	O	N	D

Larus fuscus Heringsmöwe

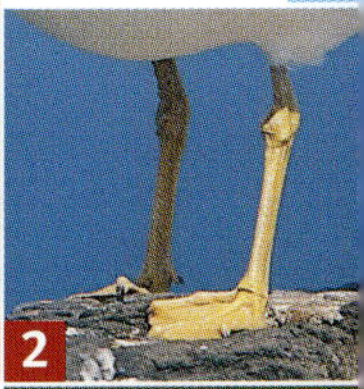

3er-Check

1. Dunkelgraue bis schwarze Oberflügel
2. Beine gelb
3. Schnabel nicht auffallend kräftig

Merkmale: Schlanker und etwas kleiner als Mantelmöwe. Im Schlichtkleid feine Kopfstrichelung. Jungvögel sind braun, erst im 4. Jahr ausgefärbt und in den ersten Kleidern schwer von den Jungen anderer Großmöwen zu unterscheiden. Männchen und Weibchen gleich gefärbt.

Stimme: Rufe sind tiefer als bei Silbermöwe, bei Störung »ao«; Warnruf »ga ga ga...«. Das Jauchzen klingt wie »au au kwila kwaokwaokwaok...« (sich beschleunigend).

Vorkommen: Brut- und Jahresvogel an den Atlantikküsten des nördlichen Europa, in nicht sehr großer Zahl auch an der deutschen Nordseeküste. Dort auch ganzjähriger Gast. An Gewässern des Binnenlandes nicht häufiger Gast, hauptsächlich außerhalb der Brutzeit, aber viel regelmäßiger als Mantelmöwe.

Lebensweise: Vielseitige Ernährung mit Oberflächenfischen, Regenwürmern, Insekten und auch Aas. Jagt an Müllplätzen auch anderen Möwen Brocken ab. Die Nester stehen am Boden, meist durch Vegetation oder Strandgut etwas gedeckt; in der Regel in Kolonien, auch oft mit Silbermöwen gemischt.

J	F	M	A	M	J	J	A	S	O	N	D

Silbermöwe *Larus argentatus*

3er-Check

1. Silbergraue Oberflügel mit schwarz-weißen Spitzen
2. Beine fleischfarben
3. Schnabel meist relativ kräftig

Merkmale: Etwa bussardgroß. Kopf im Schlichtkleid deutlich gestrichelt. Jungvögel sind braun, erst im 4. Jahr ausgefärbt und in den ersten Kleidern schwer von den Jungen anderer Großmöwen zu unterscheiden. Männchen und Weibchen sind gleich gefärbt.

Stimme: Laut und durchdringend »kiou«; von beunruhigten Vögeln hörte man halblaut »ga ga ga...«. Der laute jauchzende Balzruf klingt wie »aau... kia kja kja kja... kjou«.

Vorkommen: Häufiger Brut- und Jahresvogel an den Küsten; im Binnenland meist nur in Küstennähe Brutvogel, sonst Gastvogel, weiter im Süden aber nur in geringer Zahl. Häufig an Mülldeponien.

Lebensweise: Die Nahrung ist sehr vielseitig: Am Meer besteht sie hauptsächlich aus Krebstieren, Weichtieren, Fischen und Fischereiabfall. Eier und Küken werden auch bei anderen Möwen geraubt, sogar bei Artgenossen. Häufig Abfall von Mülldeponien. Nest auf dem Boden in Dünen und zwischen Felsen, mitunter auch auf Gebäuden. Nester stehen in Kolonien, die Hunderte und mitunter auch Tausende von Paaren umfassen können. Die Dunenjungen hocken am Nestplatz und werden von beiden Partnern gefüttert.

J	F	M	A	M	J	J	A	S	O	N	D

RL R *Larus michahellis* **Mittelmeermöwe**

3er-Check

1. Graue Oberflügel mit schwarz-weißen Spitzen
2. Beine gelb
3. Schnabel nicht auffällig kräftig

Merkmale: Etwa bussardgroß. Kopf im Schlichtkleid schwach oder nicht gestrichelt und damit heller als bei Silbermöwen. Jungvögel sind erst im 4. Jahr ausgefärbt und in den ersten Kleidern schwer von den Jungen anderer Großmöwen zu unterscheiden. Männchen und Weibchen sind gleich gefärbt.

Stimme: Rufe wie Heringsmöwe, also etwas tiefer als Silbermöwe.

Vorkommen: Verbreiteter Brutvogel im Mittelmeergebiet. Bereits ab Juli erscheinen viele nördlich ihres Brutgebiets in Mitteleuropa. Hier vor allem im südlichen Binnenland zunehmender Brutvogel, aber lokal meist nur einzelne oder wenige Paare. Heute ganzjähriger Gast im Binnenland, am häufigsten im Süden und hier wohl noch zunehmend.

Lebensweise: Die vielseitige Nahrung besteht vor allem aus Wassertieren, aber auch aus Pflanzenteilen und Abfall. Im Binnenland oft mit Silbermöwen zusammen. Brutverhalten ähnlich Silbermöwe; im Binnenland stehen die meist wenigen Nester auf Inseln oder Flussbänken. Bis vor kurzem wurden die sehr ähnlichen Mittelmeer- und Silbermöwen als eine Art betrachtet.

J	F	M	**A**	**M**	**J**	**J**	A	S	O	N	D

Sturmmöwe *Larus canus*

3er-Check

1. Oberflügel grau, mit schwarz-weißen Spitzen
2. Beine gelbgrün
3. Schwacher Schnabel, grünlichgelb

Merkmale: Größer als Haustaube, viel kleiner als Silber- und Weißkopfmöwe. Im Schlichtkleid ist der Kopf grau gestrichelt. Jungvögel sind erst im 3. Jahr ausgefärbt. Männchen und Weibchen sind gleich gefärbt.

Stimme: Rufe sind dünn, etwas kläffend oder gellend »kiä» oder »kia«. Der Warnruf klingt wie »klii-u klii-u«. Das Jauchzen ist schrill und hoch, fast lachend mit »kiä...« beginnend und dann immer schriller werden und sich auch fast überschlagend.

Vorkommen: Häufiger Brut- und Jahresvogel an der Küste und im küstennahen Binnenland. Zunehmend einzelne bis wenige Brutpaare an Gewässern tiefer im Binnenland. Im Binnenland auch regelmäßiger Wintergast.

Lebensweise: Die Nahrung ist sehr vielseitig und besteht vor allem aus Regenwürmern, Wattwürmern, Insekten, kleinen Fischen, Abfällen und Pflanzenteilen. Sturmmöwen laufen auch gern hinter dem Pflug her, um Kleintiere aus dem aufgerissenen Boden zu holen. Die Nester stehen in Kolonien am Boden nahe am oder auf kleinen Inseln im Wasser.

J	F	M	A	M	J	J	A	S	O	N	D

Larus ridibundus Lachmöwe

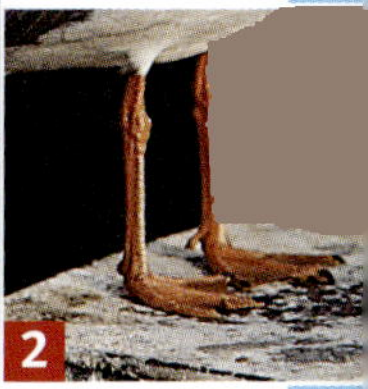

3er-Check

1	Schlank; hellgrauer Oberflügel mit überwiegend schwarzen Spitzen
2	Beine und Füße orange bis rot
3	Im Sommer dunkle Gesichtsmaske

Merkmale: Etwa taubengroß. Im Winter mindestens einen schwarzen Fleck hinter dem Auge. Jungvögel haben braune Gefiederpartien auf der Oberseite und sind im 2. Jahr ausgefärbt. Männchen und Weibchen sind gleich gefärbt.

Stimme: Häufigster Ruf abfallend und etwas rauh »kriiärr«; daneben vor allem im Winter an Futterstellen zu hören kurze »kik« oder »kikikik«. Der Lärm in großen Brutkolonien oft ohrenbetäubend.

Vorkommen: Im Binnenland zu allen Jahreszeiten die häufigste und oft auch die einzige Möwe, aber auch an der Küste häufig. Brutkolonien liegen in Schilfzonen oder Sumpfgebieten. Im Winter sind Lachmöwen häufig auch an Futterstellen in der Stadt.

Lebensweise: Die Nahrung umfasst Kleintiere (Regenwürmer, Insekten) und auch pflanzliche Bestandteile, vor allem im Winter spielen Abfälle eine Rolle. Gern gehen Lachmöwen hinter dem Pflug her und lassen sich im Winter füttern. Bei den Wintergästen handelt es sich aber meist um östliche und nordische Vögel. Die mitteleuropäischen Vögel ziehen größtenteils nach West- und Südeuropa. Die Nester stehen in der Ufervegetation.

J	F	M	A	M	J	J	A	S	O	N	D

Dreizehenmöwe *Rissa tridactyla* RL R

3er-Check

1 Oberflügel silbergrau, mit schwarzen Spitzen

2 Beine schwarz

3 Schnabel gelb

Merkmale: Etwas größer als Haustaube. Jungvögel sind im 3. Jahr ausgefärbt. Männchen und Weibchen sind gleich gefärbt. Im Schlichtkleid dunkler Ohrfleck. Jungvögel oberseits mit schwarzem Zickzackband.

Stimme: In den Brutkolonien häufig zu hören, nasal und schnell wiederholt »Kitti-wäk«.

Vorkommen: Meeres- und Küstenvogel, im Binnenland seltener Gast und meist nur durch Stürme verschlagen. Häufiger Brutvogel an den Küsten des Nordatlantik; Bestände haben zugenommen. Große Kolonien befinden sich auf steilen Klippen und Felswänden. In Mitteleuropa nur auf Helgoland eine Brutkolonie.

Lebensweise: Die Nahrung besteht aus Kleinfischen der offenen See, Weichtieren und Krebstieren, die an die Oberfläche kommen. Dreizehenmöwen versammeln sich auch um Fischkutter und leben von Beifängen, auch Küchenabfall und Aas wird genommen. Das Nest mit einem Fundament aus Erde und Schlamm steht auf kleinen Vorsprüngen oder Bändern in steilen Felswänden; in manchen Gebieten Nordwesteuropas auch an Gebäuden.

J	F	M	A	M	J	J	A	S	O	N	D

RL 1 *Chlidonias niger*

Trauerseeschwalbe

3er-Check

1 Schlank; lange, schmale Flügel

2 Keine verlängerten Schwanzseiten

3 Prachtkleid dunkel

Merkmale: Viel kleiner und schlanker als Lachmöwe. Im Schlichtkleid Unterseite hell, Oberkopf dunkel, Oberflügel grau. Männchen und Weibchen gleich gefärbt. Gaukelnder Flug, oft niedrig über dem Wasser.

Stimme: Im Flug nicht laut, aber typisch, häufig ein- bis zweisilbig »kiek« oder »krreik«, etwas rau klingend. In Brutkolonien Attacken auf Störenfriede »kikikik...«. Bei Balzflügen längere Rufreihen.

Vorkommen: Nicht häufiger Brut- und Sommervogel an Binnenseen mit Schwimmblattvegetation, im Süden Mitteleuropas nur regelmäßiger Durchzügler oder Sommergast. Die Winterquartiere liegen an den Küsten des tropischen Westafrika.

Lebensweise: Die Nahrung wird im Flug von der Wasseroberfläche abgelesen oder in der Luft gefangen. Sie besteht aus Insekten und deren im Wasser lebenden Larven sowie anderen Wasser bewohnenden Kleintieren. Kleine Fische spielen nur auf dem Zug und im Winterquartier (Küste) eine Rolle. Die Nester stehen in Kolonien auf zusammen geschwemmten Halmen, Schwimmblättern oder Brettern und Nistflößen im Wasser.

J	F	M	A	M	J	J	A	S	O	N	D

Flussseeschwalbe *Sterna hirundo* RL V

3er-Check

1. Schlank, sehr schmale Flügel
2. Tief gegabelter Schwanz
3. Roter Schnabel mit schwarzer Spitze

Merkmale: Kleiner und viel schlanker als Lachmöwe. Männchen und Weibchen gleich gefärbt. Im Schlichtkleid Stirn weiß und Schnabel schwarz. Sehr schwer von Küstenseeschwalbe zu unterscheiden.

Stimme: Häufig kurz »kik« oder »kjik«. Im Brutgebiet etwas heiser nach unten gezogen »kjierr« und bei Erregung dann auch in Reihen wie »kierrekierre...«. Warnruf schrill und hoch »kriiää« (erste Silbe lang gezogen und betont).

Vorkommen: Brut- und Sommervogel an der Küste und an Binnengewässern. Brütete früher hauptsächlich an Flüssen, heute vielfach an Seen und Teichen; Bestände im Binnenland aber meist klein. Überwintert in West- und Südafrika.

Lebensweise: Kleine Oberflächenfische werden erbeutet, in dem der Vogel sich im steilen Winkel ins Wassers stürzt (Stoßtaucher). Nester stehen in Kolonien auf wenig bewachsenem Boden meist nahe am Wasser. Im Binnenland brüten heute fast alle auf Nistflößen oder anderen künstlichen Unterlagen, da ungestörte Flusskiesbänke oder andere flache Inseln kaum mehr vorhanden sind. Die Dunenjungen sitzen meist in einem Versteck in Nestnähe.

J	F	M	A	M	J	J	A	S	O	N	D

Sterna paradisaea Küstenseeschwalbe

3er-Check

1 Schlank, sehr schmale Flügel

2 Schwanz mit sehr langen Außenspießen

3 Schnabel rot

Merkmale: Sehr ähnlich Flussseeschwalbe, im Sitzen ragt der längere Schwanz über die Flügelspitzen (bei der Flussseeschwalbe nicht). Schlichtkleid mit heller Stirn und schwarzem Schnabel. Männchen und Weibchen gleich gefärbt.

Stimme: Ähnlich Flussseeschwalbe. Kurzrufe weich, etwa »bitt bitt...« Warnruf »Kirr-ärr«, mehr auf der zweiten Silbe betont.

Vorkommen: Brutvogel von Nordeuropa bis in die Arktis. In Mitteleuropa Brut- und Sommervogel, vor allem an der Nordseeküste. Im Binnenland nur seltener Gast, am ehesten im Frühjahr einzeln als Durchzügler an größeren Seen und Stauseen. Die Winterquartiere liegen zwischen Südafrika und der Antarktis. Damit haben Küstenseeschwalben einen der längsten Zugwege: von den hohen Breiten der Nordhalbkugel bis in die Südpolregion.

Lebensweise: Der Fischfang wird wie bei der Flussseeschwalbe im Stoßtauchen ausgeführt. In den z. T. großen Brutkolonien reagieren die Vögel äußerst aggressiv auf Eindringlinge. Die Nester sind einfache, mit wenigen Halmen ausgekleidete Bodenmulden.

J	F	M	A	M	J	J	A	S	O	N	D

Brandseeschwalbe *Sterna sandvicensis* RL V

3er-Check

1. Weniger schlank, lange Flügel (hier Prachtkleid)
2. Schnabel schwarz, mit gelber Spitze (hier Schlichtkleid)
3. Schwanz gegabelt

Merkmale: Größe etwa wie Lachmöwe. Deutlich breitere Flügel und kürzere Schwanzgabelung als Küsten- und Flussseeschwalbe. Im Schlichtkleid Stirn und Vorderscheitel weiß. Männchen und Weibchen gleich gefärbt.

Stimme: Kennzeichnender Ruf klingt laut kratzend wie »kerrick«.

Vorkommen: Meeresvogel im Flachwasserbereich an den Küsten West- und Südeuropas, nicht in größerer Küstenentfernung auf offener See. In Mitteleuropa Brut- und Sommervogel an der Nord- und Ostseeküste. Die Bestände haben sich nach starker Gefährdung durch Giftrückstände wieder erholt. Im Binnenland nur seltener Gast. Die Winterquartiere liegen an den Atlantikküsten von Südeuropa bis Südafrika.

Lebensweise: Kleinere Schwarmfische, die sich nahe der Meeresoberfläche aufhalten, werden durch Stoßtauchen aus dem Flug erbeutet. Mitunter stellen sich viele Brandseeschwalben an einer ergiebigen Stelle ein und fischen gemeinsam. Die Nester sind flache Bodenmulden auf unbewachsenem Untergrund (Sandinseln, Kiesbänke) und stehen in Kolonien oft nah beisammen.

J	F	M	A	M	J	J	A	S	O	N	D

Columba palumbus Ringeltaube

3er-Check

1. Oberseite blaugrau, Hals und Brust weinrötlich überflogen
2. Altvögel mit weißem Fleck an den Halsseiten
3. Weißes Flügelband (besonders im Flug auffällig)

Merkmale: Größer als Haustaube, größte heimische Taube. Männchen und Weibchen gleich gefärbt. Erwachsene Jungvögel tragen keinen weißen Halsring, doch sind die weißen Halbmonde auf den Flügeln im Flug gut sichtbar.

Stimme: Der Reviergesang klingt dumpf und rhythmisch vier- bis fünfsilbig »rugúhgu gugu«.

Vorkommen: Verbreiteter und häufiger Brutvogel in Wäldern aller Art, in Parks und in vielen Gebieten Mitteleuropas auch in Gärten und mitten in Städten. Zur Nahrungssuche oft in größeren Schwärmen auf Wiesen und Feldern. In Gebirgswäldern selten. In milden Gegenden Mitteleuropas auch im Winter.

Lebensweise: Die Nahrung besteht aus Eicheln, Bucheckern und Getreidekörnern; Zusatznahrung sind grüne Blätter (z.B. Klee, Kohl, Gräser) und auch Beeren oder Erbsen. Stadtbewohnende Ringeltauben haben sich auch an Brot gewöhnt. Das Nest ist eine dürftige Plattform aus trockenen Zweigen auf Bäumen, in der Stadt auch auf Simsen und Nischen an Gebäuden. Das Gelege besteht aus 2 weißen Eiern, mindestens zweimal im Jahr wird gebrütet.

J	F	M	A	M	J	J	A	S	O	N	D

Hohltaube *Columba oenas*

3er-Check

1 Blaugrau, ohne Weiß im Flügel

2 Metallisch grüner Halsfleck

3 Kleine schwarze Marken im Flügel

Merkmale: Größe und Gestalt wie Haus- oder Straßentaube. Im Flug an Oberseite und Unterflügel nicht so hell wie wildfarbene Straßentauben. Männchen und Weibchen gleich gefärbt.

Stimme: Gesang besteht aus dumpfen, zweisilbigen Rufen, die manchmal ausgesprochen rhythmisch klingen wie »hú-ru«, »húh wup« oder ähnlich.

Vorkommen: Brutvogel in Wäldern und großen Parks, gebietsweise nicht häufig. Zusammen mit anderen Tauben auch auf Feldern und Grünflächen zur Nahrungssuche. In Bergwäldern fehlend. In den meisten Gebieten im Winter nach West- und Südeuropa abgezogen, überwintert aber in milden Gebieten Mitteleuropas.

Lebensweise: Die Nahrung besteht aus Früchten und Samen von krautigen Pflanzen, daneben aber auch aus Blättern (z.B. Klee, Gemüse), Beeren, Eicheln und Bucheckern sowie Samen von Nadelbäumen. Die Nester sind in Baumhöhlen; in Wäldern ist der Schwarzspecht der wichtigste Höhlenlieferant. Es werden aber auch große Nistkästen angenommen, ebenfalls Felshöhlen und -nischen. Reisig und Halme werden eingetragen.

J	F	M	A	M	J	J	A	S	O	N	D

Straßentaube

Columba livia (domestica)

1

2

2er-Check

1 Wildfarbene grau, mit kräftigen schwarzen Flügelabzeichen

2 Verschiedene Zuchtfarben oft noch erkennbar

Merkmale: Wildfarbene sind im Flug an fast weißem Unterflügel und an hellem Rücken zu erkennen. Mit ganz unterschiedlichen Farbverteilungen und Gefiederzeichnungen ist zu rechnen. Die Geschlechter lassen sich am Gefieder nicht unterscheiden.

Stimme: Rollendes Gurren, etwa »grrruo -u« (oft wiederholt).

Vorkommen: Die Stammform der Haustaube und damit auch der Straßentauben ist die Felsentaube, die weit verbreitet im Mittelmeergebiet, aber auch in Großbritannien brütet. Verwilderte Nachkömmlinge von Haustauben leben heute in fast allen Städten und Dörfern, oft in großer Zahl als Brut- und Jahresvögel. Zusammen mit wild lebenden einheimischen Taubenarten fliegen sie vor allem im Spätsommer und Herbst auch auf Felder und Grünflächen außerhalb der Siedlungen.

Lebensweise: Die Nahrung ist vielseitig und besteht aus Körnern, Knospen, Jungpflanzen und Früchten; in den Innenstädten spielen Fütterungen eine große Rolle. Schwärme haben oft bestimmte Standorte mit engem Aktionsbereich. Die Nester werden in und an Gebäuden angelegt.

J	F	M	A	M	J	J	A	S	O	N	D

Turteltaube *Streptopelia turtur* RL V

3er-Check

1. Schlank und langschwänzig
2. Oberseite rotbraun und gemustert
3. Schwarz-weißes Abzeichen an den Halsseiten

Merkmale: Kleiner und schlanker als Straßentaube. Fliegt rasch mit etwas ruckartigen Flügelbewegungen; beim raschen Abflug ist Flügelklatschen zu hören. Männchen und Weibchen sind gleich gefärbt.

Stimme: Gesang schnurrend »turrr turrr«, oft zweisilbig.

Vorkommen: Brut- und Sommervogel in offenen Laubwäldern, Auwäldern, Gehölzen oder Heckenlandschaften, auch in Parks mit viel Unterholz. Nur im Tiefland verbreitet, fehlt in höheren und raueren Gebieten. Dort aber einzelne Durchzügler, oft noch ziemlich spät im Frühsommer. Hauptwinterquartier ist der Savannengürtel Afrikas südlich der Sahara.

Lebensweise: Turteltauben sind meist recht scheu und können sich gut in Bäumen und Büschen verstecken. Am ehesten sieht man sie auf Leitungen sitzen, im Flug oder bei der Nahrungssuche auf dem Boden. Die Nahrung besteht hauptsächlich aus kleinen Sämereien. Die flachen Nester mit sehr dünner Unterlage für die 2 weißen Eier stehen in dichten Sträuchern oder auf Bäumen. Viele Weibchen legen ihre Eier erst im Juni.

J	F	M	A	M	J	J	A	S	O	N	D

Türkentaube

RL V *Streptopelia decaocto*

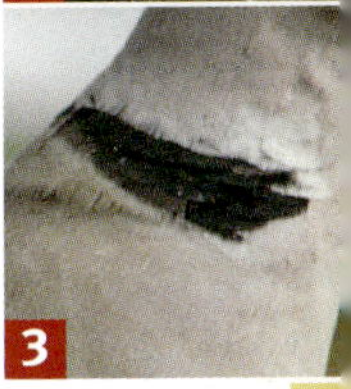

3er-Check

1. Schlank und langschwänzig
2. Oberseite hell beigebraun bis grau
3. Schmaler schwarzer Nackenring

Merkmale: Schlanker und heller als Straßentaube. Männchen und Weibchen sind gleich gefärbt. Erwachsene Jungvögel haben noch kein schwarzes Halsabzeichen. Man kann helles, pfeifendes Fluggeräusch hören.

Stimme: Meist vor der Landung nasal »kwäh« oder rauer »chrräi«. Gesang ist ein dreisilbiges »du-duu-du« (meistens 2. Silbe betont).

Vorkommen: Ist ab der Mitte des 20. Jahrhunderts von Südosten nach Mitteleuropa eingewandert. Heute häufiger Brut- und Jahresvogel in Städten und Dörfern, Parks und Gärten, sofern einige (Nadel-)Bäume vorhanden sind. Im Winter an Stellen mit günstigem Nahrungsangebot auch in Schwärmen.

Lebensweise: Die Nahrung ist überwiegend pflanzlich und besteht aus Sämereien verschiedenster Art, etwa aus Beeren und grünen Pflanzenteilen sowie aus Tierfutter (z.B. bei Tierhaltungen) und Zivilisationsabfällen. Bei den Balzflügen wechseln rasche Flügelschläge mit kurzen Gleitstrecken ab. Im Allgemeinen halten sich Türkentaube mehr auf Bäumen als auf Gebäuden auf. In Bäumen (manchmal auch auf Gebäuden) steht meist auch das dürftige Nest.

J	F	M	A	M	J	J	A	S	O	N	D

Waldohreule *Asio otus*

3er-Check

1. Schlank, aufrecht sitzend
2. Lange Federohren (in Ruhe angelegt)
3. Orangegelbe Augen

Merkmale: Größer als Krähe, langsamer, fast gaukelnder Flug. Männchen und Weibchen sind gleich gefärbt. Sitzt in Bäumen meist gut getarnt, oft dicht am Stamm.

Stimme: Wenig zu hören. Weibchen ruft nicht laut »chwäu«; Warnruf schrill »uäk«. Der Gesang ist eine lockere Reihe tiefer, in regelmäßigen Abständen wiederholter dumpfer »huh« (leise, doch weit hörbar). Die Jungen betteln nach Einbruch der Dämmerung unermüdlich und laut »pii-ih«.

Vorkommen: Brut- und Jahresvogel in Wäldern in der Nähe offener Flächen, in Gehölzen, auch in größeren Parks, Windschutzstreifen. Bei kleinen Baumbeständen werden dicht stehende Nadelbäume bevorzugt. Jagdgebiet sind offene Flächen mit niedrigem Pflanzenbewuchs. Im Winter auch Ruheplätze in Baumgruppen in menschlichen Siedlungen.

Lebensweise: Dämmerungs- und nachtaktiv, sitzt untertags meist versteckt in Bäumen. Den Großteil der Nahrung bestreiten Mäuse; als Ersatznahrung kommen Kleinvögel, aber auch andere Kleintiere (selbst Käfer) in Betracht. Ein Nest wird nicht gebaut.

J	F	M	A	M	J	J	A	S	O	N	D

Waldkauz *Strix aluco*

3er-Check

1. Gedrungen, aufrecht sitzend,
2. Dicker, runder Kopf
3. Augen dunkel

Merkmale: Etwas größer und vor allem deutlich massiger als Waldohreule. Männchen und Weibchen gleich gefärbt, Grundfärbung der Altvögel aber variabel zwischen grau und braun.

Stimme: In der Regel nur bei Dunkelheit zu hören. Ruf durchdringend und wiederholt »kuitt«. Gesang (vor allem von September bis November und im frühen Frühjahr zu hören) »huuuh-hu-huhuuuuu«, nach der langgezogenen Einleitung eine kleine Pause, dann ein abfallendes Tremolo.

Vorkommen: Die häufigste und verbreitetste Eule Mitteleuropas. Brut- und Jahresvogel in Wäldern und Parks und auch in Gärten und gelegentlich mitten in der Stadt, sofern alte Laubbäume vorhanden sind.

Lebensweise: Die Nahrung ist sehr vielseitig. Gejagt werden vor allem Mäuse, ferner Vögel und Amphibien. Größte Beutetiere sind etwa Ratte, Eichhörnchen oder Taube. Dämmerungs- und nachtaktiv, jagt aber manchmal noch bei Helligkeit. Das Nest steht in Baumhöhlen, aber auch in Felshöhlen, an und in alten Gebäuden; auch große Nistkästen werden angenommen.

J	F	M	A	M	J	J	A	S	O	N	D

Steinkauz *Athene noctua* RL 2

1

2

3

3er-Check

1 Gedrungen und breitköpfig

2 Gesicht breit und niedrig

3 Augen gelb

Merkmale: Kleiner als Taube, kurzschwänzig. Männchen und Weibchen sind gleich gefärbt. Bei Erregung knicksende Bewegungen.

Stimme: Ruf auch tagsüber zu hören wie »kliiuh« oder »guhik«; als Gesang werden ähnliche, etwas längere Laute in regelmäßigem Abstand wiederholt.

Vorkommen: Brutvogel in offenen Landschaften; in Mitteleuropa Jahresvogel in ländlicher Kulturlandschaft klimatisch milder Tieflandgebiete mit alten Bäumen (z.B. Streuobstflächen). Bestand aber überall stark zurück gegangen. Nicht selten in Südeuropa.

Lebensweise: Dämmerungsaktiv, aber auch am helllichten Tag freisitzend oder in Bewegung zu beobachten. Tageseinstände in der Regel in Baumkronen, Dachböden, Mauerlöchern oder anderen kleinen Höhlen. Größere Strecken werden in wellenförmiger Flugbahn überflogen. Die vielseitige Nahrung besteht aus Kleinsäugern, Kleinvögeln, kleinen Reptilien, Insekten oder Regenwürmern. Die Eier werden in Baumhöhlen, aber auch in Scheunen, Dachböden und anderen Gebäuden abgelegt. Als Nistkästen haben sich lange Kunsthöhlen bewährt.

J	F	M	A	M	J	J	A	S	O	N	D

Schleiereule *Tyto alba*

1

2

3

3er-Check

1 Schlank, dicker runder Kopf

2 Gesicht herzförmig, weiß bis hellbeige

3 Augen schwarz

Merkmale: Größer als Krähe; lange, schmale Flügel. Hellste einheimische Eule. Männchen und Weibchen sind gleich gefärbt.

Stimme: Rufe klingen schnurrend, der Gesang ist ein mehrfach wiederholtes lang gezogenes und gedämpftes Kreischen. Die Jungen betteln mit einem keuchenden Schnarchen, das nächtelang weithin zu hören ist.

Vorkommen: Brut- und Jahresvogel in offenen Niederungslandschaften, die geeignete Brutplätze und offene Jagdgebiete aufweisen. Harte Winter und geringes Nahrungsangebot können Bestandseinbrüche verursachen.

Lebensweise: Nachtaktiv. Die Nahrung besteht hauptsächlich aus kleinen Säugetieren; Vögel und andere Kleintiere spielen nur eine untergeordnete Rolle. Der Nistplatz (ein eigenes Nest wird nicht gebaut) ist eine geräumige, dunkle Nische mit freiem Anflug, besonders in Kirchtürmen, Scheunen, Taubenschlägen, Dachböden, Schlössern und Ruinen. Künstliche Spezialkästen sind eine wichtige Nisthilfe. Die Jungen einer Brut schlüpfen im Abstand von etwa 2 Tagen und sind daher verschieden groß.

J	F	M	A	M	J	J	A	S	O	N	D

Uhu *Bubo bubo*

RL 3

3er-Check

1. Massige Gestalt
2. Auffällige Federohren
3. Große Augen gelb bis orangerot

Merkmale: Größte einheimische Eule, deutlich größer als Mäusebussard. Männchen und Weibchen sind gleich gefärbt.

Stimme: Gesang des Männchens tief und volltönend »uu-ho« (2. Silbe abfallend), Weibchen antwortet rauer und höher. Weibchen rufen auch bellend »rräew«. Der Gesang ist weit zu hören, klingt aber aus der Nähe sehr gedämpft.

Vorkommen: Brut- und Jahresvogel in waldreichen Gebirgs- und Mittelgebirgslandschaften, auch im Tiefland, sofern Schluchten oder große Steinbrüche vorhanden sind. Verbreitung aber mit großen Lücken und nirgends häufig.

Lebensweise: Dämmerungs- und vor allem nachtaktiv. Die Nahrung ist außerordentlich vielseitig: Die Beutetiere reichen von Maus bis Hase und Jungfuchs, von Sperling bis Mäusebussard und Waldohreule; auch Amphibien und ausnahmsweise Fische werden gefangen. Eigene Nester bauen Uhus nicht, sie scharren nur flache Mulden aus. Die Brutplätze liegen in Felswänden in geschützten Nischen, auch am Boden am Fuß von Felsblöcken oder in Steinbrüchen.

J	F	M	A	M	J	J	A	S	O	N	D

Dryocopus martius Schwarzspecht

3er-Check

1 Schwarz, mit hellem Schnabel

2 Männchen mit rotem Oberkopf

3 Weibchen mit rotem Hinterscheitel

Merkmale: Größe wie Krähe, doch schlanker. Langer kantiger Kopf mit weißem Auge. Flugbahn meist gerade und nicht in großen Bögen, im Gegensatz zu den meisten anderen Spechten.

Stimme: Im Flug hört man ein weithin schallendes »krück krück krück«. Im Sitzen oft gellend »kliie-äh«. Der laute Gesang besteht aus Pfeiftönen, die an das Lachen des Grünspechts erinnern, aber zögernd beginnen und kaum in der Tönhöhe abfallen, gegen Ende aber sehr laut und hektisch werden, etwa »koih kwi kwi-kwi-kwi-kwikwi...«. Trommelt in lauten, weit hörbaren Wirbeln.

Vorkommen: Verbreiteter Brut- und Jahrsvogel in Wäldern, vor allem in Buchen- oder Mischwäldern, auch in alten Kiefern- und Fichtenwäldern. In der Regel nicht in Parks.

Lebensweise: Die Nahrung besteht vor allem aus Ameisen und Holz bewohnenden Käfern und ihren Larven sowie anderen Insekten. Bei rotfaulen Stämmen kann man Serien von rechteckigen Löchern erkennen, die Schwarzspechte auf der Nahrungssuche geschlagen haben. Höhlen werden häufig in Buchen geschlagen, aber keineswegs für jede Brut neu gezimmert.

J	F	M	A	M	J	J	A	S	O	N	D

Grauspecht *Picus canus*

RL V

3er-Check

1. Oberseite olivgrün, Gesicht grau
2. Männchen mit rotem Vorderscheitel
3. Weibchen ohne Rot

Merkmale: Geringfügig kleiner als Grünspecht, kürzerer Schnabel.

Stimme: Leise Rufe wie »tjik« oder »kü«. Gesang eine Reihe von einsilbigen Lauten ähnlich wie Grünspecht, aber Pfeiftöne, die allmählich in der Tonhöhe abfallen und nach den Anfangstönen langsamer werden; klingen eher wehmütig (nicht lachend) und sind leicht nach zu pfeifen, wie »kikiki kü-kü-kü-kü kö«. Trommelt häufig recht laut in kurzen Serien.

Vorkommen: Brut- und Jahresvogel in Laub- und Mischwäldern, in Auwäldern und großen Parks, in Gebirge mitunter höher als Grünspecht. Fehlt in weiten Gebieten Norddeutschlands, hat teilweise aber auch im Süden abgenommen.

Lebensweise: In der Nahrung überwiegen Ameisen, doch sind Grauspechte darauf weniger spezialisiert und nehmen auch viele andere Insekten; sie kommen im Winter auch an Futterstellen und nehmen dort Fett, Obst oder Brot. Höhlen werden in Laubbäume gezimmert (Höhlendurchmesser 55 bis 60 mm); vielfach werden alte Höhlen benützt und neue nur wenn notwendig gebaut. Die Eier liegen auf einer Schicht von Holzspänen.

J	F	M	A	M	J	J	A	S	O	N	D

RL V

Picus viridis Grünspecht

3er-Check

1 Oberseite olivgrün, immer roter Oberkopf

2 Männchen mit rotem Bart

3 Weibchen mit schwarzem Bart

Merkmale: Größe wie Eichelhäher. Erwachsene Jungvögel mit schwarz gefleckter Unterseite und gefleckten Kopfseiten.

Stimme: Laut gellend »kjückjückjück...« im Flug; auch harte »kjaik« bei aggressivem Verhalten. Gesang ist eine Reihe von »klü...«-Lauten, die etwas abfallen und am Ende schneller werden (»Lachen« des Grünspechts, vgl. Grauspecht). Trommelt selten.

Vorkommen: Verbreiteter Brut- und Jahresvogel in Laub- und Mischwäldern, in größeren Parks und Anlagen, auch in offenen Gegenden mit einzelnen Gehölzen.

Lebensweise: Stammkletterer, der auch häufig auf den Boden kommt. Ein wichtiger Nahrungsbestandteil sind Ameisen, die am Boden aufgelesen oder in kleinen selbst gegrabenen Erdtrichtern aufgestöbert werden; im Winter werden Ameisen auch unter dem Schnee, Fliegen und Mücken in Schlupfwinkeln gesucht. Die Eier liegen in selbst gezimmerten, aber auch in alten Höhlen anderer Spechte. Das Schlupfloch muss über 60 mm Durchmesser haben. Beim Höhlenzimmern werden Fäulnisherde an Bäumen bevorzugt. Im Winter dienen Höhlen zum Übernachten.

J	F	M	A	M	J	J	A	S	O	N	D

Buntspecht *Dendrocopos major*

3er-Check

1. Schwarz-weiß, Unterschwanz rot (hier Weibchen)
2. Oberkopf schwarz; Männchen mit rotem Nackenfleck
3. Bauch und Flanken einfarbig hell

Merkmale: Kleiner als Amsel. Weibchen ohne roten Nackenfleck. Erwachsene Jungvögel mit weitgehend rotem Scheitel.

Stimme: Ruf kurz und scharf »kick«, häufig zu hören. Bei Erregung schnell und schnarrende »tschrett tschrett...«. Trommelwirbel kurz mit schnellen Einzelschlägen.

Vorkommen: Häufigster und verbreitetster Specht Mitteleuropas. Brut- und Jahresvogel in Wäldern aller Art, in kleinen Gehölzen, in Parks und Gärten mit größerem Baumbestand, auch in Alleen entlang von Straßen. Im Winter auch an Futterstellen.

Lebensweise: Die Nahrung ist vielseitiger als die der anderen Spechte. Neben Insekten (vor allem Holz bewohnende Larven) spielen vor allem im Winter auch fettreiche Samen eine Rolle (z.B. werden Fichtenzapfen in Spalten eingeklemmt und bearbeitet, »Spechtschmiede«); auch Beeren und hartschalige Früchte werden genommen, im Frühsommer auch Jungvögel (z.B. durch Aufmeißeln von Nistkästen). Für den Höhlenbau werden Weichhölzer und kranke Stellen an Stämmen bevorzugt (Schlupfloch 45 bis 55 mm Durchmesser).

J	F	M	A	M	J	J	A	S	O	N	D

RL V

Mittelspecht

Dendrocopos medius

3er-Check

1. Schwarz-weiß, Unterschwanz zart rosa
2. Oberkopf vollständig rot
3. Helle Unterseite fein schwarz gestrichelt

Merkmale: Nur wenig kleiner als Buntspecht, Schnabel aber kürzer. Männchen und Weibchen sind sich sehr ähnlich, beim Männchen reicht der rote Scheitel geringfügig weiter nach hinten.

Stimme: Einzelne »kück« sind relativ leise, werden mitunter zu sich beschleunigenden Reihen erweitert wie »kick kückkück-kück...«. Reviergesang besteht aus langsam vorgetragenen nasalen quäkenden Tönen wie »gwäk gwäk gwäk...«. Trommelt selten.

Vorkommen: Brut- und Jahresvogel in Laubwäldern (vor allem Eichen und Hainbuchen), Auwäldern (Erlen) oder alten Streuobstanlagen; meist aufs Tiefland beschränkt. Fehlt im Gebirge und ist auch in Parks in der Regel nicht als Brutvogel anzutreffen.

Lebensweise: Hauptnahrung bilden Insekten, die auch von Blättern und Zweigen abgelesen werden. Holzbohrende Arten werden offenbar nur ausnahmsweise genommen, da auf der Nahrungssuche wenig gehackt wird. Daneben auch Früchte und am Futterplatz z.B. Sonnenblumenkerne. Höhlen werden fast stets in geschädigtem oder etwas ausgefaultem Holz angelegt (Schlupflochdurchmesser 35 bis 45 mm).

J	F	M	A	M	J	J	A	S	O	N	D

Kleinspecht *Dryobates minor*

3er-Check

1. Schwarz-weiß, Unterseite ohne Rot
2. Männchen mit rotem Oberkopf
3. Weibchen mit schwarzem Oberkopf und heller Stirn

Merkmale: Etwa spatzengroß, schlank; kleinster einheimischer Specht. Flugbahn mit tiefen Bögen.

Stimme: Der Ruf ist ein hohes »kick«, ähnlich dem des Buntspechts, aber leiser und nicht so oft zu hören. Der Gesang ist hoch und schnell »kikikikikikiki«. Das Trommeln ist eine gleichbleibende Serie von raschen Schlägen, klingt aber schwach.

Vorkommen: Brut- und Jahresvogel in Laubwäldern mit alten Bäumen, Obstbäumen und in großen Gärten, Auwäldern und Parkanlagen in allen Teilen Mitteleuropas mit Ausnahme höherer Berglagen. Jedoch nirgends häufig. Im Winter auch mitunter in Gesellschaft von Meisen; auch an Futterstellen.

Lebensweise: Insekten und deren Larven werden häufig von Blättern und Zweigen abgelesen (z.B. Blattläuse); im Winter werden Kleintiere unter Rinden und in Spalten gesucht. Bei der Nahrungssuche also nicht nur hackend, sondern auch stochern und klaubend. Bruthöhlen (Fluglochdurchmesser 3-3,5 cm) werden meist in totem oder morschem Holz angelegt, nicht selten auch in einem Ast mit dem Flugloch auf der Unterseite.

J	F	M	A	M	J	J	A	S	O	N	D

Sitta europaea Kleiber

1

2

2er-Check

1 Oberseite blaugrau, kurzschwänzig

2 Kräftiger Schnabel, schwarzer Augenstreif

Merkmale: Etwa spatzengroß, wirkt halslos gedrungen, kurzer Schwanz. Männchen und Weibchen sind nahezu gleich gefärbt, Männchen sind im Bereich der hinteren Körperseiten intensiver rotbraun.

Stimme: Häufige Kontaktrufe sind »zit« und länger »ziiit«, schärfer und kräftiger als entsprechende Meisenrufe. Bei Erregung laut »twett«, oft in einander folgenden Reihen. Gesang ist eine Folge lauter Pfeiftöne »wüih wüih wüih...« oder trillernd »wiwiwiwi...«.

Vorkommen: Häufiger Brut- und Jahresvogel in Laub- und Mischwäldern, Gehölzen, Parks und großen Gärten.

Lebensweise: Klettert an Stämmen in Zickzackbahnen oder auch senkrecht auf und ab, kann auch auf dem Boden hüpfen. Die Nahrung besteht im Frühjahr und Sommer hauptsächlich aus Insekten und Spinnen, im Herbst und Winter aus Samen. Nest wird in Baumhöhlen und Nistkästen angelegt; zu große Einflugöffnungen werden auf passende Weite mit Lehm und feuchter Erde zugeklebt. Von »Kleben« kommt der Name des Vogels.

J	F	M	A	M	J	J	A	S	O	N	D

Gartenbaumläufer *Certhia brachydactyla*

3er-Check

1. Unscheinbar rindenfarbig, gut getarnt, relativ langer Schwanz
2. Bauch deutlich bräunlich
3. Flügelbinde mit kleinen, gleichmäßigen Stufen

Merkmale: Optisch sehr schwer von Waldbaumläufer zu unterscheiden, wichtigste Artkennzeichen bietet die Stimme. Männchen und Weibchen sind gleich gefärbt.

Stimme: Rufe kräftiger als bei Waldbaumläufer, klar und durchdringend »tieht« oder »tüht«, oft in zunehmender Frequenz wiederholt. Der Gesang ist eine Pfeifstrophe, die am Ende etwas ansteigt, etwa »titi-tiroiti-titt« (kürzer und kräftiger als der Gesang des Waldbaumläufers).

Vorkommen: Häufiger und weit verbreiteter Brut- und Jahresvogel in Laubwäldern, in Parks, Obsbaumbeständen, Alleen und in Gärten mit Laubbäumen. Kommt im Winter auch an Futterstellen.

Lebensweise: Klettert senkrecht oder in Spiralen vor allem an Stämmen mit rauer Rinde ruckweise nach oben. Die Nahrung besteht aus kleinen Insekten und Spinnen, an winterlichen Futterstellen ist Fettfuttergemisch beliebt. Das Nest aus feinen Reisern, Halmen, Bastfasern und Gespinnsten liegt in Ritzen alter Bäume, hinter abstehender Rinde, aber auch an Bauten, in Holzstapeln und Reisighaufen.

J	F	M	A	M	J	J	A	S	O	N	D

Certhia familiaris **Waldbaumläufer**

3er-Check

1. Unscheinbar rindenfarbig, gut getarnt, relativ langer Schwanz
2. Unterseite reinweiß, Bauch höchstens schwach bräunlich
3. Flügelbinde mit großer Stufe (dunkles Eck am Vorderrand)

Merkmale: Optisch sehr schwer von Gartenbaumläufer zu unterscheiden, wichtigste Artkennzeichen bietet die Stimme. Männchen und Weibchen sind gleich gefärbt.

Stimme: Der Lockruf ist ein feiner hoher und vibrierender Pfeifton, etwa »srrrii«, mitunter auch dünn »tih«. Die Gesangsstrophe ist länger als bei Gartenbaumläufer, mit einem abfallenden Triller und mit einem Endschnörkel, etwa »tsi tsi zisisrri zrrisrirr«.

Vorkommen: Verbreiter Brut- und Jahresvogel vor allem in waldreichen Gebieten Mitteleuropas, brütet vor allem in Nadel- und Mischwäldern und kommt auch in reinen Fichtenwäldern vor. Kein typischer Park- und Gartenbrutvogel.

Lebensweise: Klettert ruckartig in kleinen Sprüngen senkrecht an Stämmen hoch. Die Nahrung besteht aus kleinen Insekten und Spinnen, im Winter an Futterstellen wird auch Fett und Kleie genommen. Das Nest aus feinen Reisern, Moos und Haaren liegt in Ritzen und Spalten und hinter abgesprungener Rinde meist an Baumstämmen, aber auch hinter Fensterländen oder in Reisig- oder Holzhaufen.

J	F	M	A	M	J	J	A	S	O	N	D

Mauersegler *Apus apus* RL V

2

1

3er-Check

1 Sehr schlank, lange Sichelflügel

2 Ganz dunkel, nur Kehle etwas heller

3 Schwanz gegabelt

3

Merkmale: Größer und vor allem langflügeliger als Schwalben. Männchen und Weibchen sind gleich gefärbt. Flug entweder mit schnellen, weit durchgezogenen Flügelschlägen oder im schnellen Gleit- und Segelflug, also anders als Schwalben.

Stimme: Häufig ist ein hohes schrilles »srirrr« zu hören.

Vorkommen: Häufiger Brut- und Sommervogel, der nur etwa 3 Monate am Brutplatz ist. Brütet vor allem in Städten, weniger regelmäßig in Dörfern und auch in manchen Wäldern. Überwintert im südlichen Afrika.

Lebensweise: Die Nahrung besteht aus Insekten, Spinnen und anderen Kleintieren, die in der Luft mit dem aufgerissenen Schnabel gefangen werden. Der größte Teil des Lebens spielt sich in der Luft ab; Segler sitzen in der Regel nicht, sondern hängen an senkrechten Strukturen. Die Nester liegen in Hohlräumen unter Dächern, in Mauerlöchern, Felsspalten oder in manchen Gebieten auch in Baumhöhlen. Die Nahrung für die Jungen sammeln die Altvögel im Kehlsack und formen mit Speichel eine Futterkugel.

J	F	M	A	M	J	J	A	S	O	N	D

RL V *Hirundo rustica* **Rauchschwalbe**

3er-Check

1. Sehr schlank; schlanke, dreieckige Flügel
2. Oberseite und Kehle dunkel, Brust und Bauch hell
3. Schwanz mit langen Außenspießen

Merkmale: Männchen und Weibchen sind gleich gefärbt, die Männchen haben aber meist längere und dünnere Schwanzspieße.

Stimme: Im Flug sind häufig kurz »witt« oder »witt-witt«-Rufe zu hören. Warnrufe sind lauter und durchdringender wie »sfliit« oder »zi-witt«. Der Gesang ist ein angenehmes eiliges Zwitschern.

Vorkommen: Häufiger Brut- und Sommervogel der Kulturlandschaft, brütet vor allem in Dörfern und Einzelhöfen, fehlt in der Regel im Inneren großer Städte. Bei nassem und kühlem Wetter oft in riesigen Scharen am und über dem Wasser. Winterquartier ist Afrika südlich der Sahara.

Lebensweise: Fliegende Insekten werden auf Jagdflügen meist hoch in der Luft gefangen. Bei kühlem und feuchtem Wetter findet die Jagd oft niedrig über dem Boden, über der Vegetation oder dem Wasserspiegel von Flüssen und Seen statt, auch zwischen Weidevieh. Das Nest ist eine Schale aus trockenem Schlamm. Es steht auf einer Unterlage im Inneren von Gebäuden.

J	F	M	A	M	J	J	A	S	O	N	D

Mehlschwalbe *Delichon urbicum* RL V

3er-Check

1. Oberseite dunkel, Unterseite (inklusive Kehle) weiß
2. Weißer Bürzel
3. Schwanz gegabelt

Merkmale: Männchen und Weibchen sind gleich gefärbt. Fliegt weniger reißend als Rauchschwalbe, flattert öfter und fliegt auch häufiger Bögen im Gleitflug.

Stimme: Der häufig zu hörende Ruf klingt wie »prrit« oder »drrrt«, bei Gefahr hoch und schrill »tjier«. Der Gesang ist ein bescheidenes Zwitschern.

Vorkommen: Verbreiteter Brut- und Sommervogel in offener Landschaft, vor allem in ländlichen Siedlungen, auch im Außenbezirk von Städten. Jagt hoch in der Luft oder bei feuchtem Wetter tief über dem Boden, auch in großer Zahl über dem Wasser. Winterquartier ist das tropische Afrika.

Lebensweise: In der Luft werden Insekten gejagt. Die Nester sind Halbschalen, die aus Ton, Lehm oder Schlamm gemauert werden. Sie stehen oft in Kolonien dicht beisammen, meistens an der Außenwand von Gebäuden, aber auch unter Brücken oder an Felswänden. Auch Kunstnester werden angenommen. Alte Nester werden wieder bezogen oder ausgebessert. Die Nestmulde ist mit Halmen und Federchen ausgepolstert.

J	F	M	A	M	J	J	A	S	O	N	D

RL V

Riparia riparia Uferschwalbe

1

2er-Check

1 Oberseiten braun, Unterseite weiß, mit braunem Brustband

2 Schlanke, dreieckige Flügel

2

Merkmale: Kleinste heimische Schwalbenart. Männchen und Weibchen sind gleich gefärbt.

Stimme: Die Rufe klingen rau und wie knirschendes Sandpapier »trrsch«, in einer Kolonie oft in Reihen zu hören. Der Gesang ist eine Folge solcher Laute. Bei Gefahr hört man ein hohes »zier«.

Vorkommen: Brut- und Sommervogel im Tiefland. Brutkolonien sind an geeignete Bodenaufschlüsse gebunden. Jagt häufig über dem Wasser, auch in dichten Trupps. Überwintert im tropischen Westafrika.

Lebensweise: Insekten werden in der Luft gejagt. Die Nester liegen am Ende von über 50 cm langen Röhren, die in nahezu senkrechte, sandige Steilwände gegraben werden. Zu einer Kolonie zählen meist viele Neströhren. Wichtigste Brutplätze sind heute nicht mehr ungestörte Steilufer an Flüssen, sondern Sand- und Tongruben oder andere Abgrabungen oder Erdaufschüttungen. Ausnahmsweise werden auch in Torfstichen, Mauerlöchern oder hinter Betonplatten an Deichen Nester angelegt. Die Vögel graben mit den Füßen in das weiche Material.

J	F	M	A	M	J	J	A	S	O	N	D

Feldlerche *Alauda arvensis* RL V

3er-Check

1. Oberseite braun gezeichnet, Hals deutlich gestrichelt
2. Eckiger Hinterkopf durch angedeutete Federhaube
3. Helle Schwanzseiten und heller Flügelhinterrand

Merkmale: Geringfügig größer als Sperling. Männchen und Weibchen sind gleich gefärbt.

Stimme: Der Gesang wird meist im hohen Singflug vorgetragen, seltener von niedrigen Sitzwarten. Er ist eine fast endlos scheinende Aneinanderreihung vielfältiger Laute und Geräusche; flötend, zirpend, schnarrend oder rollend. Die Rufe klingen rollend, etwa wie »prrit« oder »trrlie«.

Vorkommen: Verbreiteter Brutvogel im offenen Kulturland, hat in vielen Gebieten als Folge moderner Landwirtschaft stark abgenommen. Außerhalb der Brutzeit oft in Schwärmen auf Brachflächen oder Ödland. Im Winter meist nur in milden Gebieten; ein Teil der mitteleuropäischen Brutvögel zieht nach West- und Südeuropa.

Lebensweise: Die Nahrung besteht aus Insekten und anderen Kleintieren (z.B. Regenwürmer); im Winterhalbjahr vor allem aus Sämereien von Gräsern und Kräutern, Keimlingen und zarten Blättern. Das Nest steht auf dem Boden in nicht zu dichter und hoher Vegetation. Häufig werden 2 Jahresbruten unternommen.

J	F	M	A	M	J	J	A	S	O	N	D

RL 2 *Galerida cristata*

Haubenlerche

3er-Check

1. Oberseite hell braungrau, Hals kräftig gestrichelt
2. Deutliche Kopfhaube
3. Kein Weiß im Schwanz

Merkmale: Etwas größer als Sperling. Männchen und Weibchen sind gleich gefärbt.

Stimme: Häufig hört man einen mehrsilbigen klangvollen Ruf, etwa wie »trittritrieh« oder »triliipüü«. Ein anderer Ruf ist pfeifend »djui« oder »tiu-tie«. Der Gesang ist variationsreich mit melancholischen Pfeiftönen; er wird im Flug oder von einer höheren Sitzwarte aus vorgetragen, leiser Gesang auch am Boden.

Vorkommen: Brut- und Jahresvogel auf Ödländern und trockenen Rasenflächen, in Mitteleuropa z.B. auf Bauland, Industrie und Verkehrsanlagen und Sportplätzen. Wichtig ist das Angebot von Wildkrautsamen. Bestand sehr stark zurück gegangen; heute ist die Art nur noch auf wenige Brutplätze beschränkt.

Lebensweise: Im Winter besteht die Nahrung hauptsächlich aus Sämereien, im Sommer und vor allem in der Ernährung der Nestlinge spielen Insekten und andere Gliederfüßer eine wichtige Rolle. Die Nester stehen meist auf dem Boden, aber auch an Straßenböschung und manchmal auf flachen Hausdächern. Meist unternimmt ein Paar 2 Jahresbruten.

J	F	M	A	M	J	J	A	S	O	N	D

Heidelerche *Lullula arborea* RL 3

3er-Check

1. Kurzschwänzig, Oberseite braun und dunkel gemustert
2. Weißes Band vom Auge bis in den Nacken
3. Weiß-schwarz-weißes Abzeichen an der Flügelkante

Merkmale: Kleiner als Sperling. Sitzt im Vergleich zu anderen Lerchen relativ oft auf Baumspitzen oder Drahtleitungen. Wellenförmige Flugbahn und kurze breite Flügel. Männchen und Weibchen sind gleich gefärbt.

Stimme: Rufe sind weich flötend, etwa »didlui« oder ähnlich. Der Gesang zählt zu den stimmungsvollsten heimischen Vogelgesängen. Er ist eine meist in der Tonhöhe etwas abfallende oder gleich bleibende Reihe von flötenden Tönen, etwa wie »lüdl lüdl lüdl…« oder »dili dili dili…«, und wird sowohl von einer Baumspitze aus, als auch im absteigenden Singflug vorgetragen.

Vorkommen: Nicht häufiger Brut- und Sommervogel in offenen Wäldern (vor allem trockene Kiefernwälder) oder auf Waldlichtungen und Heideflächen im Tiefland. Bestände nehmen ab. Winterquartiere liegen in West- und Südeuropa.

Lebensweise: Im Sommerhalbjahr überwiegen in der Nahrung Insekten und Kleintiere des Bodens; im Frühjahr Grasspitzen, Knospen und kleine Blätter. Das Bodennest steht meist in Sichtweite der nächsten Bäume, die als Sitz- und Singwarten dienen.

J	F	M	A	M	J	J	A	S	O	N	D

Bachstelze

Motacilla alba

1

2

2er-Check

1. Langschwänzig; schwarz, grau und weiß
2. Schwarzer Oberkopf, weißes Gesicht, schwarze Brust

Merkmale: Männchen und Weibchen sind sehr ähnlich; bei Männchen ist auch der Hinterkopf schwarz und scharf vom grauen Rücken abgesetzt, der Hinterkopf des Weibchens ist mehr grau und geht stufenlos in den grauen Rücken über. Ab Spätsommer ist der Oberkopf grau, die Brust trägt ein schwarzes Band. Bei erwachsenen Jungvögeln ist der Brustfleck grau, nicht schwarz. Wellenförmige Flugbahn; Schwanzwippen beim Stehen und Laufen.

Stimme: Der häufig zu hörende Lockruf klingt wie »tsli-witt« oder »zi ze witt« (Endsilbe betont). Der Gesang ist ein Zwitschern.

Vorkommen: Häufiger Brutvogel der offenen landwirtschaftlich genutzten Kulturlandschaft, aber auch in Dörfern, Städten und Industrieflächen. Nur wenige Vögel überwintern in Mitteleuropa; die meisten ziehen nach Südwesteuropa.

Lebensweise: Die Nahrung besteht aus Insekten, die meist am Boden oder auf Dächern gefangen werden. Die Nester stehen häufig in Nischen oder Halbhöhlen; heute meist an menschlichen Bauten auf Dachträgern, in Mauerlöchern oder unter schadhaften Dachziegeln.

J	F	M	A	M	J	J	A	S	O	N	D

Wiesenschafstelze *Motacilla flava* **RL V**

3er-Check

1. Oberseite grau- oder olivgrün, Unterseite gelb, Schwanz mäßig lang
2. Männchen mit grauem Kopf, Unterseite intensiv gelb
3. Weibchen Kopf grau oder grünlich, Unterseite blass

Merkmale: Hat von den 3 Stelzen den kürzesten Schwanz, zeigt aber auch Schwanzwippen nach dem Landen und beim Laufen. Bogenflug nicht so auffällig wie bei Bach- und Gebirgsstelze.

Stimme: Typischer Lockruf »tsi« oder etwas voller und durchdringender »psiiie«. Den Gesang trägt das Männchen von einer meist niedrigen Singwarte oder auch in einem schräg aufsteigenden kleinen Singflug mit anschließendem Fallschirm-Gleitflug vor; er besteht aus aneinandergereihten Silben, die den Rufen ähneln.

Vorkommen: Brut- und Sommervogel im Tiefland auf ebenen Flächen mit kurzer Vegetation, z.B. feuchten Wiesen und manchmal Äckern. Die Bestände nehmen ab. Auf dem Durchzug auch in Trupps, dann auch auf Schlammflächen oder am Wasser. Die Winterquartiere liegen im tropischen Afrika.

Lebensweise: Die Nahrung besteht aus kleinen Insekten und anderen Kleintieren, die am Boden gesucht und aber auch in kleinen Luftsprüngen gefangen werden. Das Nest ist ein mit Pflanzenmaterial ausgekleideter tiefer Napf und steht gut gedeckt in der Vegetation am Boden.

J	F	M	A	M	J	J	A	S	O	N	D

Motacilla cinerea **Gebirgsstelze**

3er-Check

1. Oberseite grau, Unterseite gelb oder weißlich, langer Schwanz
2. Männchen mit schwarzer Kehle, Unterseite gelb
3. Weibchen Kehle grau, Unterseite blass

Merkmale: Hat den längsten Schwanz der 3 Stelzenarten. Im Schlichtkleid ist die Kehle weiß; bei erwachsenen Jungvögeln ist kaum Gelb auf Brust und Bauch zu erkennen. Auffälliges Schwanzwippen und deutlicher Wellenflug. Beine hell.

Stimme: Der häufigste Ruf ähnelt dem der Bachstelze, ist aber schärfer und höher, wie »ziss iss« (meist zweisilbig), ist auch bei rauschendem Wasser gut zu hören. Bei Störung länger gezogen »süiiiht«. Der Gesang besteht aus ähnlichen Lauten, die scharf und etwas abgehackt klingen.

Vorkommen: Brut- und Jahresvogel vorwiegend am Ober- und Mittellauf von Bächen und Flüssen mit rascher Strömung, daher im Bergland und Gebirge häufiger als im Tiefland.

Lebensweise: Die Nahrung besteht aus Insekten und deren Larven, die in und am Wasser leben; daneben auch anderen Kleintiere, die vom Spülsaum aufgepickt, aber auch in kleinen Verfolgungsjagden und durch Hochspringen erbeutet werden. Das Nest steht meist unmittelbar am Wasser in Uferabbrüchen und -verbauungen, an Wehren und Schleusen und in sonstigen Nischen.

J	F	M	A	M	J	J	A	S	O	N	D

Baumpieper *Anthus trivialis* RL V

3er-Check

1. Oberseite braun gemustert, Brust dunkel gestreift
2. Helle Kehle mit Bartstreifen gesäumt
3. Beine hell

Merkmale: Schlanker als Sperling, schlanker Schnabel. Setzt sich bei Störung im Unterschied zu anderen Piepern gern auf einen Baum. Männchen und Weibchen sind gleich gefärbt.

Stimme: Der am häufigsten zu hörende Ruf ist ein raues »psiet« oder »psrieh«. Der Gesang ist eine aus mehreren Teilen zusammengesetzte Strophe, die meist mit kurzen Lauten beginnt und mit gezogenen endet, etwa »zi-zi-zi zi tsja tsja tsja sürrrrrrrrr siiia twet-twet twet twet siwa siwa wiiewa zia-zia-zia«. Dazu startet der Sänger von einem Baum nach oben, fängt dann zu singen an und lässt sich mit ausgebreiteten Flügeln nach unten schweben.

Vorkommen: Verbreiteter Brut- und Sommervogel in offenen Wäldern, am Rand von Waldlichtungen, Kahlschlägen, aber auch in Mooren und Heiden. Die Winterquartiere liegen in Afrika südlich der Sahara.

Lebensweise: Die Nahrung besteht aus kleinen Insekten; Nahrungserwerb auf dem Boden, aber auch auf Bäumen. Das Nest steht sorgfältig in der Vegetation versteckt auf dem Boden.

J	F	M	A	M	J	J	A	S	O	N	D

Anthus spinoletta Bergpieper

1

2

3

3er-Check

1. Oberseite graubraun, Unterseite im Sommer kaum gestreift
2. Im Winter Unterseite kräftig gefleckt
3. Beine dunkel

Merkmale: Etwa sperlingsgroß. Männchen und Weibchen sind gleich gefärbt. Erwachsene Jungvögel haben zunächst helle Beine.

Stimme: Häufigster Ruf »fist« ist rauer als der des Wiesenpiepers. Gesang wird entweder im mehr oder minder horizontalen Singflug oder auch von einer Singwarte aus vorgetragen; er besteht aus einer Reihe kurzer Einzelsilben, etwa »zrü zrü zrü-zrü-zrü-zrü-zü züzü züzüzüzüzü...«, variabel im Tempo.

Vorkommen: Brut- und Sommervogel im Gebirge und in hohem Mittelgebirgen meist über der Baumgrenze auf Gras bewachsenen Hängen; auf großen Hochebenen und Lichtungen auch etwas tiefer. Im Winter Gast an Fluss- und Seeufern im Tiefland. An der Küste ist der sehr ähnliche Strandpieper Wintergast, der bis vor kurzem mit dem Bergpieper als »Wasserpieper« zu einer Art zusammen gefasst wurde.

Lebensweise: Die Nahrung besteht im Sommer aus Kleintieren am Boden von Matten, Felsen und Bergwiesen. Im Winter werden wohl auch Sämereien genommen. Das Nest steht am Boden, meist gut geschützt und auch nach oben gedeckt.

J	F	M	A	M	J	J	A	S	O	N	D

Wiesenpieper *Anthus pratensis*

3er-Check

1. Oberseite braun gestreift
2. Brust und Flanken kräftig gestrichelt
3. Beine hell

Merkmale: Etwas kleiner als Sperling. Männchen und Weibchen sind gleich gefärbt.

Stimme: Dünne, feine Rufe vor allem beim Auffliegen »ist ist ist«, viel weniger rau als die Rufe des Bergpiepers. Zum Singflug steigen die Männchen steil, auch in Spiralen auf, um dann ziemlich steil mit ausgestreckten Flügeln herab zu gleiten. Der Gesang besteht aus kurzen, meist dünnen Tönen, wie »zi zi zi zi ... zü zü zü zü zü zü zü swiswiswiswis ... tüü tüü tüü ... ti swia«, die abschließenden »zia«-Elemente des Baumpiepers fehlen.

Vorkommen: Brutvogel in offenen Wiesen-, Weide- und Heidelandschaften, auch in Mooren oder Dünen. Im Norden Mitteleuropas verbreiteter und häufiger als im Süden, hier große Verbreitungslücken. Im Winter ziehen viele nach Südeuropa und Nordafrika.

Lebensweise: Die Nahrung besteht vor allem aus kleinen Insekten, während des Winters auch kleine Würmer und Sämereien. Das Bodennest ist eine flache, mit Pflanzenhalmen ausgekleidete Mulde, meist gut versteckt und oft mit Sichtschutz nach oben.

J	F	M	A	M	J	J	A	S	O	N	D

Turdus pilaris Wacholderdrossel

3er-Check

1. Kopf und Hinterrücken grau, Rücken dunkel rotbraun
2. Unterseite teilweise ocker, mit schwarzen Pfeilflecken
3. Schnabel mindestens an der Basis gelb

Merkmale: Größer als Amsel, relativ langschwänzig. Männchen und Weibchen sind gleich gefärbt.

Stimme: Rau schackernd in schnellem Tempo »gag schak schak schak...« und vor allem auf dem Zug im Herbst und Frühjahr durchdringend, wie etwas mit der Stimme überschlagend »gih«. Krähen werden mit harten knarrenden »trrtrrrtrrrt...« heftig verfolgt. Ein sehr einfacher schwätzender Gesang meist im Flug.

Vorkommen: Brutvogel in offenen Laub- und Mischwäldern, vor allem auch in Gehölzen auf Feldern oder in Mooren. Mittlerweile in vielen Gebieten auch Park- und Gartenvogel. Vor allem im Herbst oft in großen Schwärmen, selbst mitten in den Städten.

Lebensweise: Im Frühjahr und Sommer besteht die Nahrung vor allem aus Regenwürmern und Insekten, die vom Boden genommen werden. Ab Sommer bis in den Herbst hinein spielen Beeren und andere Früchte ein große Rolle. Im Spätherbst sieht man Wacholderdrosseln oft an hängen gebliebenem Obst. Die Nester stehen in Bäumen, oft in lockeren Kolonien zusammen. Feinde werden gemeinsam angegriffen und mitunter auch mit Kot bespritzt.

J	F	M	A	M	J	J	A	S	O	N	D

Misteldrossel *Turdus viscivorus*

3er-Check

1 Oberseite braungrau

2 Unterseite gelblichweiß, mit kräftigen schwarzen Punktflecken

3 Gesicht mit dunklem Ohrflecken

Merkmale: Größer als Amsel und größte einheimische Drossel. Männchen und Weibchen sehen gleich aus. Im Abflug weiße Schwanzecken sichtbar, Unterflügel weiß (vgl. Singdrossel).

Stimme: Der Ruf ist ein schnarrendes »trr trr« und vor allem beim Abflug zu hören. Der Gesang besteht aus kurzen Strophen, zwischen denen kurze Pausen eingeschaltet werden. Die Töne sind amselähnlich, doch nicht so variabel, etwas wehmütiger, härter und die Tonfolgen in der Regel kürzer.

Vorkommen: Brutvogel im Wald mit Lichtungen oder angrenzenden Wiesen, vor allem in hochstämmigen Nadelwäldern, im Gebirge bis zur Waldgrenze. In manchen Gebieten Mitteleuropas auch in kleineren Gehölzen und in Parks. Im Mittwinter nur wenige, da die meisten in Südwesteuropa überwintern.

Lebensweise: Die Nahrung besteht im Sommerhalbjahr aus Bodentieren, vor allem Regenwürmern. Ab Sommer vielfach an Beeren und Obst. Das Nest ist oft mit feuchter Erde ausgekleidet und steht meist hoch in Bäumen in einer Astgabel.

J	F	M	A	M	J	J	A	S	O	N	D

Turdus philomelos Singdrossel

3er-Check

1. Oberseite hellbraun
2. Unterseite gelblichweiß, mit schwarzen Punktflecken
3. Gesicht überwiegend bräunlich

Merkmale: Etwas kleiner als Amsel, kleinste bei uns brütende Drossel. Männchen und Weibchen sind gleich gefärbt. Keine weißen Schwanzecken, Unterflügel rostgelb (vgl. Misteldrossel).

Stimme: Ruf im Flug oder beim Auffliegen fein »zipp«. Bei Alarm heller als Amsel, aber durchdringend »tix ix ix ix...« Der laute und kräftige Gesang besteht aus sehr unterschiedlichen Motiven, die übergangslos mit kleinen Pausen aneinandergereiht werden. Sehr typisch sind aber 2 bis 4 malige Wiederholungen; daran kann man den Gesang erkennen.

Vorkommen: Häufiger Brut- und Sommervogel in Wäldern unterschiedlicher Zusammensetzung, auch in Parks und Gärten. Die meisten überwintern in Süd- und Westeuropa.

Lebensweise: Die Nahrung besteht aus Kleintieren des Bodens, vor allem Regenwürmer und auch kleine bis mittlere Gehäuseschnecken, deren Gehäuse an Steinen aufgeschlagen werden. Im Hochsommer und Herbst aus Beeren. Das Nest ist ein tiefer Napf, mit Holzmulm, Erde und Lehm ausgekleidet; es steht hoch in Bäumen, aber auch häufig in Jungfichten oder Büschen.

J	F	M	A	M	J	J	A	S	O	N	D

Amsel *Turdus merula*

3er-Check

1. Männchen schwarz
2. Weibchen dunkelbraun, Kehle etwas heller
3. Schnabel und Augenring bei alten Männchen gelb

Merkmale: Erwachsene Jungvögel wie Weibchen, aber oberseits mit hellen Strichen. Männchen im ersten Winter haben ganz dunklen Schnabel.

Stimme: Viele verschiedene Rufe, z.B. ein feines rollendes »srrih« als Kontaktruf. Bei Erregung tiefe »dack«, als Warnrufe (z.B. Katzen) gedämpfte »djuk« oder harte »dak dak dak...« bis zum Zetern bei großer Gefahr mit gellenden »tix tix tix...«. Junge rufen durchdringen »dschritt« oder »dschrött«. Der Gesang besteht aus melodischen Flötentönen, die relativ langsam vorgetragen werden und große Tonsprünge aufweisen.

Vorkommen: Sehr häufiger Brutvogel in Parks und Gärten, weniger häufig aber weit verbreitet in Wäldern und Gehölzen.

Lebensweise: Im Frühjahr und Frühsommer bilden vor allem Regenwürmer und andere Kleintiere am Boden die Nahrung. Ab Sommer Beeren und fleischige Früchte. Die Nester stehen auf Bäumen, in Büschen und Hecken, in Siedlungen heute an den unterschiedlichsten Stellen. Die Jungen verlassen das Nest schon bevor sie voll flügge sind und werden dann noch gefüttert.

J	F	M	A	M	J	J	A	S	O	N	D

Turdus torquatus Ringdrossel

1

2

2er-Check

1 Männchen schwarz mit weißem Brustschild

2 Weibchen grauschwarz mit hellgrauem Brustschild

Merkmale: Gestalt und Größe etwa wie Amsel, geringfügig schlanker. Bei erwachsenen Jungvögeln heller Halbmond höchstens angedeutet. Die Flügel sind fast immer etwas aufgehellt.

Stimme: Bei Erregung hört man harte »tock«, deutlich härter als Amsel. Gesang einfacher und rauer als der von Amseln, klingt etwas wehmütig und manchmal etwas abgehackt, etwa »trrü trrü trrü« oder »siwütt siwütt...«.

Vorkommen: Brutvogel in lichten Nadelwäldern und in der Latschenzone der Alpen und meist an wenigen Stellen in hohen Mittelgebirgen. Im Frühjahr (vor allem April/Mai) und im Herbst (Höhepunkt Ende September/Anfang Oktober) im Tiefland in Busch- und Heckengebieten Durchzug nordischer Vögel, die einer anderen Unterart angehören. Überwinterungsgebiete sind Mittelmeerländer und vor allem Nordwestafrika.

Lebensweise: Zur Brutzeit bilden vor allem Regenwürmer die Hauptnahrung, auch für die Jungen; ferner werden andere Kleintiere und im Sommer Beeren und Früchte genommen. Die Nester stehen vor allem auf Nadelbäumen und -büschen (Latschen).

J	F	M	A	M	J	J	A	S	O	N	D

Rotdrossel *Turdus iliacus*

3er-Check

1. Oberseite hellbraun, Unterseite mit dunklen Fleckenreihen
2. Heller Überaugenstreif
3. Flanken rostrot

Merkmale: Nur knapp so groß wie Singdrossel, kleinste Drossel Europas. Relativ kurzschwänzig; Männchen und Weibchen sind gleich gefärbt.

Stimme: Ruft im Flug gedehnt und etwas rau »zieh«. Im Oktober ist dieser Ruf nachts selbst über Großstädten zu hören. Bei leichter Erregung hört man ein etwas glucksendes »gjüg«. Von rastenden Schwärmen ist manchmal ein rau zwitschernder Chorgesang zu hören. Den eigentlichen Reviergesang mit montonem Anfang einer fallenden Reihe wie »trü trü trü trü...« hört man bei uns selten.

Vorkommen: Häufiger Brutvogel in Nordeuropa. In Mitteleuropa regelmäßiger Durchzügler, im Herbst (Oktober) häufiger als im Frühjahr (April) in Wäldern, Gehölzen, Parks und Gärten. Im Winter nur gelegentlich. Die Winterquartiere liegen im Mittelmeergebiet und in Westeuropa.

Lebensweise: Im Sommer besteht die Nahrung aus Regenwürmern und anderen Kleintieren. In Mitteleuropa spielen auf dem Durchzug im Herbst vor allem Beeren (z.B. Eberesche) und Früchte (auch Fallobst) eine Rolle.

J	F	M	A	M	J	J	A	S	O	N	D

Cinclus cinclus Wasseramsel

3er-Check

1 Rundlicher Körper

2 Kurzer Schwanz oft gestelzt

3 Großer weißer Brustlatz

Merkmale: Deutlich kleiner als Amsel. Männchen und Weibchen sind gleich gefärbt. Erwachsene Jungvögel sind fahlgrau und unterseits quer gebändert; der weiße Latz ist nur höchstens angedeutet. Fliegt meist mit raschem Flügelschlag geradlinig knapp über das Wasser und knickst bei Erregung.

Stimme: Im Abflug oder beunruhigt hört man rau »zritt« oder »zjrrb«, selbst beim Geräusch eines Wasserfalls. Der Gesang besteht aus zwitschernden, knirschenden und gepressten Lauten, die ebenfalls das Wasserrauschen übertönen können.

Vorkommen: Brut- und Jahresvogel an schnell fließenden Bächen und Flüssen, vor allem im Wald und im Bergland. Im Tiefland selten, im Küstengebiet allenfalls Wintergast aus Nordeuropa.

Lebensweise: Einziger Singvogel, der tauchen kann; schwimmt auch auf dem Wasser. Die Nahrung besteht aus Kleintieren des Fließwassers, vor allem Gliederfüßer (Insektenlarven), Weichtiere, kleine Krebstiere und kleine Fischchen. Das Nest ist eine umfangreiche, fest gefügte Mooskugel, die meist in einer Nische angelegt wird, z.B. in Uferauswaschungen, Wehrmauern, unter Brücken.

J	F	M	A	M	J	J	A	S	O	N	D

Star *Sturnus vulgaris*

2

1

3

3er-Check

1. Schwanz kürzer als Amsel, Flügel dreieckig
2. Im Frühjahr dunkel mit Metallglanz (»Glanzstar«)
3. Im Herbst mit vielen weißen Flecken (»Perlstar«)

Merkmale: Geringfügig kleiner als Amsel. Weibchen tragen im Prachtkleid meist einige helle Flecken. Erwachsene Jungvögel braun.

Stimme: Im Flug heisere Laute, wie »ärr«, »brrch« oder »tjürr«. Am Nest heiser quäkend »stäh«, bei Gefahr scharf »kjätt«. Von ausgeflogenen Jungvögeln hört man heiser durchdringende »dschrrr«. Der Gesang wird mit schlagenden Flügeln und gesträubtem Kehlgefieder vorgetragen. Man hört laute lang gezogene Pfeiftöne, leisere knarrende, knackende und klickende Laute, dazu auch oft Imitationen anderer Vogelstimmen oder Geräusche.

Vorkommen: Häufiger Brutvogel in Kleinstädten und Dörfern, in Gärten, Parks und Laubwäldern. Nach der Brutzeit oft in riesigen Schwärmen auf Feldern und Wiesen, in Obst- und Weinbaugebieten. Schwärme übernachten oft im Schilf und manchmal in Städten.

Lebensweise: Die Nahrung ist vielseitig und wechselt. Im Frühjahr und Sommer vor allem Insektenlarven und Kleintiere vom Boden und aus den obersten Bodenschichten. Im Sommer Beeren und weiche Früchte (z. B. Kirschen), im Winter auch Abfälle. Brütet in Baum- und Mauerhöhlen sowie in Nistkästen.

J	F	M	A	M	J	J	A	S	O	N	D

Seidenschwanz

Bombycilla garrulus

1

2

3

3er-Check

1 Rundlich und gedrungen

2 Federhaube

3 Farbige Flügel- und Schwanzabzeichen

Merkmale: Knapp starengroß. Männchen und Weibchen sind gleich gefärbt. Bei Vögeln im ersten Winter sind gelbe Schwanz- und Flügelabzeichen kleiner und blasser. Flug starenähnlich, mit dreieckigen Flügeln.

Stimme: Der Ruf klingt hoch und leicht vibrierend »sirrr«, oft vielstimmig in einem Trupp kurz vor dem Abflug. Der Gesang, den man bei uns wenig hört, setzt sich aus solchen Rufen und einigen rauen Lauten zusammen.

Vorkommen: Verbreiteter Brutvogel in den Nadelwäldern des nördlichen Taigagürtels. In Mitteleuropa nur Wintergast, der an Häufigkeit und Regelmäßigkeit nach Süden abnimmt. In manchen Wintern sehr häufig (»Invasionen«).

Lebensweise: Zur Brutzeit besteht die Nahrung überwiegend aus Insekten, im Winter meist aus Beeren und anderen fleischigen Früchten, bei uns z. B. Misteln, Schneeball, Eberesche, Wacholder, Weißdorn oder hängen gebliebenes Obst, im Frühjahr z. B. Kätzchen von Weiden und Pappeln. Im Winter in Mitteleuropa meist in kleinen oder größeren Trupps, mitunter in großen Scharen.

J	F	M	A	M	J	J	A	S	O	N	D

Heckenbraunelle *Prunella modularis*

3er-Check

1. Oberseite braun und gemustert
2. Kopf teilweise bleigrau
3. Schlanker Schnabel

Merkmale: Etwas kleiner als Sperling. Männchen und Weibchen sind gleich gefärbt.

Stimme: Unauffälliger Ruf leise klingelnd »tihihihi«, bei Gefahr oder Erregung laut pfeifend »tih«. Der Gesang wird meist von der Spitze eines Busches oder Baumes (z. B. Jungfichte) vorgetragen; er ist nicht laut und besteht aus einer Folge von zwitschernden Tönen wie »switeli switüli swütellü swoliswoliti«.

Vorkommen: Brut- und meist auch Jahresvogel in Nadel- und Mischwäldern mit viel Unterwuchs, in Jungwäldern, Hecken- und Buschgebieten, Parks und Gärten. In Mitteleuropa weit verbreitet und fast überall häufig, aber durch heimliche Lebensweise nicht leicht zu beobachten. Ein Teil der Vögel zieht weg nach Westeuropa. Im Mittwinter nur in milden Gebieten.

Lebensweise: Die Nahrung besteht im Sommer aus Insekten und anderen kleinen Gliederfüßern, im Winterhalbjahr spielen kleine Samen eine wichtige Rolle; einzelne Vögel besuchen auch Futterstellen. Das Nest steht in dichten Büschen oder niedrig in Nadelbäumen gut versteckt.

J	F	M	A	M	J	J	A	S	O	N	D

Troglodytes troglodytes Zaunkönig

3er-Check

1. Körper kurz, Schwanz oft nach oben gestellt
2. Feiner Schnabel, dünner Überaugenstreif
3. An den Seiten feine Querbänderung

Merkmale: Einer der kleinsten einheimischen Brutvögel. Männchen und Weibchen sind gleich gefärbt.

Stimme: Bei Beunruhigung hört man ein schnurrendes »zerrrr«, auch einzelne schmatzende »zeck«. Der Gesang ist auffallend kräftig, laut und wechselvoll zusammengesetzt. Die Strophen beginnen meist mit hohen leisen Lauten, dann folgend lautere trillernde Abschnitte und nach leisen Zwischenstücken schmetternde Laute.

Vorkommen: Verbreiteter Brut- und Jahresvogel in Wäldern, Gehölzen, Parks und Gärten, wenn ausreichend dichter Unterwuchs vorhanden ist. Zieht nur aus höheren Lagen völlig ab, sonst den ganzen Winter über zu beobachten.

Lebensweise: Die Nahrung besteht fast ausschließlich aus kleinen Gliederfüßern. Das Nest ist ein geschlossener Bau aus Moos, der meist in niedrig über dem Boden in Nischen oder an größere Strukturen angelehnt steht, z.B. in Wurzeltellern von Bäumen, an Böschungen, in Reisighaufen oder Holzstößen. Die Männchen legen oft mehrere Nester an, von denen sich das Weibchen eines auswählt.

J	F	M	A	M	J	J	A	S	O	N	D

Rotkehlchen *Erithacus rubecula*

2er-Check

1 Rundlicher Kopf, aufrechte Sitzhaltung, Oberseite braun

2 Gesicht und Brust ziegelrot

Merkmale: Etwas kleiner als Sperling. Männchen und Weibchen sind gleich gefärbt. Jungvögel gefleckt, ohne rote Kehle.

Stimme: Am häufigsten hört man kurze harte »tick«-Rufe, vor allem bei Dämmerung, auch gereiht (»Schnickern«). Bei Gefahr sehr fein »tsiih«. Der Gesang ist schwer zu beschreiben, er gilt als »stimmungsvoll« vor allem in der Abenddämmerung und setzt meist mit einigen sehr feinen, fast metallischen Tönen ein, die sich dann in perlenden klaren Tonfolgen fortsetzen.

Vorkommen: Häufiger und verbreiteter Brut- und auch meist Jahresvogel in Wäldern, Hecken und Buschlandschaften, Parks und Gärten, auch noch hoch im Gebirge.

Lebensweise: Rotkehlchen sind das ganze Jahr über Einzelgänger und nie in Trupps zu sehen. Ihre Nahrung besteht aus einer Vielzahl von Kleintieren; im Spätsommer und Herbst spielen auch Beeren eine wichtige Rolle (z.B. Holunder, Hartriegel). Die Nester stehen meist auf dem Boden in Löchern, unter Grasbüscheln oder in Abbrüchen, aber auch in Kletterpflanzen oder Baumlöchern in Bodennähe.

J	F	M	A	M	J	J	A	S	O	N	D

Luscinia megarhynchos Nachtigall

3er-Check

1. Oberseite hell- bis rötlichbraun
2. Oberschwanz etwas rötlicher als Rücken
3. Rundlicher Kopf mit großem dunklem Auge

Merkmale: Etwas größer als Sperling. Männchen und Weibchen sind gleich gefärbt. Stellt den Schwanz auch nach oben.

Stimme: Als Warnruf hört man pfeifende »huid«, bei allgemeiner Erregung ein tief knarrendes »trrt« oder »karr«, auch beide Rufe kombiniert. Der kräftige Gesang ist auch tagsüber zu hören. Er besteht aus abwechslungsreichen Strophen mit schmetternden und »schluchzenden« Elementen. Sehr typisch ist auch eine anschwellende Reihe von Flötentönen, etwa »düdü dü dü«.

Vorkommen: Brut- und Sommervogel in Laubwäldern, Gehölzen, Parks und Gärten, sofern viel Unterholz vorhanden ist; gern auch in der Nähe von Wasser. In Tieflandgebieten mancherorts häufig, fehlt in nadelwaldreichen Mittelgebirgen oder auch im Alpenvorland. Die Winterquartiere liegen in der Savanne südlich der Sahara bis an den Rand des tropischen Regenwalds.

Lebensweise: Die Nahrung besteht aus Kleintieren, vor allem Insekten, die im Spätsommer teilweise durch Beeren und kleine saftige Früchte ersetzt werden. Das Nest steht meistens in der Krautschicht nahe dem Boden und an Gebüsch.

J	F	M	A	M	J	J	A	S	O	N	D

Blaukehlchen *Luscinia svecica*

3er-Check

1. Heller Überaugenstreif, rostrote Schwanzbasis
2. Männchen Kehle blau, mit rostbraunem Saum
3. Weibchen Kehle wenig blau oder ganz hell, mit dunklem Saum

Merkmale: Etwa so groß wie Rotkehlchen. Die in Mitteleuropa brütenden Männchen haben einen weißen Fleck in der blauen Kehle (»weißsternig«), nordische Brutvögel und einige Brutvögel der Alpen einen roten (»rotsternig«). Im Herbst ist ein Teil des blauen Kehlfeldes grauweiß.

Stimme: Bei Erregung schnalzend »klack«, auch pfeifend »hüit«. Der kräftige Gesang besteht aus ganz unterschiedlichen Elementen, die in schneller Folge gesungen werden, melodische, knirschende und kratzende Laute. Die Einleitung ist meist eine Folge von zögernd beginnenden »zrü«- oder »dipp«- Reihen.

Vorkommen: Brut- und Sommervogel am Wasser oder in Feuchtgebieten mit Weidengebüsch und Schilf, aber auch in versumpftem Auwald, in Nassbaggerungen und manchmal auf trockenen Standorten. In den Gebirgen an wenigen Stellen an Blockhalden und Latschen (Rotsternige).

Lebensweise: Die Nahrung besteht aus Insekten, im Spätsommer auch aus Beeren. Das Nest steht gut verborgen meist unmittelbar über dem Boden.

J	F	M	A	M	J	J	A	S	O	N	D

RL 3 *Saxicola rubetra* **Braunkehlchen**

3er-Check

1 Braun gemustert, relativ kurzer Schwanz mit weißer Basis

2 Männchen mit auffallendem Überaugenstreif

3 Weibchen ähnlich, aber weniger kontrastreich

Merkmale: Kleiner als Sperling, wirkt kurzschwänzig und kompakt, steht aufrecht, knickst und wippt mit dem Schwanz.

Stimme: Rufe klingen wie »jü teck«, man hört aus der Ferne aber oft nur den ersten Pfeifton. Der Gesang setzt sich aus kurzen Strophen zusammen mit harten, knirschenden und auch flötenden Teilen. Manchmal hört man auch Imitationen anderer Vogelstimmen.

Vorkommen: Brut- und Sommervogel in feuchten Wiesen und Weiden und anderem extensiv bewirtschaftetem Grünland, in Niedermooren und Verlandungszonen mit Büschen und Seggen. Männchen bevorzugen erhöhte Singwarten auf Halmen oder Zaunpfosten. Die Bestände Mitteleuropas nehmen stark ab. Die Winterquartiere liegen vor allem in den Savannen Afrikas.

Lebensweise: Die Nahrung besteht aus kleinen Insekten, Würmern und Schnecken, im Spätsommer auch Beeren. Das Nest steht auf dem Boden, oft auch in einer kleinen Mulde, und ist in der Vegetation gut versteckt. Nach dem Verlassen des Nestes sind die Jungen noch nicht flugfähig und verstecken sich in der Vegetation am Boden. 2-3 Wochen später löst sich die Familie auf.

J	F	M	A	M	J	J	A	S	O	N	D

Schwarzkehlchen *Saxicola torquata*

2er-Check

1 Männchen bunt, mit schwarzbraunem Kopf und weißem Halsring

2 Weibchen heller braun, ohne Überaugenstreif

Merkmale: Kleiner als Sperling, gedrungener Körper, relativ kurzschwänzig. Sitzt meist frei und aufrecht auf exponierten Warten, wie hohen Halmen, Büschen, Zäunen oder Leitungen.

Stimme: Häufigster Ruf bei Erregung ein kurzer Pfiff mit 2 tieferen schmatzenden Lauten, etwa »fied track track«; Bestandteile werden auch einzeln geäußert. Der Gesang besteht aus kurzen Strophen mit Pfeifen und gequetscht klingenden Bestandteilen; weniger auffällige Imitationen als bei Braunkehlen.

Vorkommen: Brut- und Sommervogel auf offenen Flächen mit niedrigem oder lockerem Bewuchs und vereinzelt stehenden Büschen, wie Hochmoore, Heiden, Ödflächen. In manchen Teilen Mitteleuropas selten. Winterquartiere liegen in West- und vor allem Südeuropa.

Lebensweise: Die Nahrung besteht größtenteils aus Insekten, die hüpfend am Boden, aber auch in kurzen Jagdflügen gefangen oder im Rüttelflug von der Vegetation abgelesen werden. Das Nest ist eine Vertiefung im Boden, meist sehr gut in der Vegetation versteckt, auch nach oben gedeckt.

J	F	M	A	M	J	J	A	S	O	N	D

RL 2 *Oenanthe oenanthe* **Steinschmätzer**

3er-Check

1 Aufrechte Sitzhaltung, vielfach am Boden, weiße Schwanzwurzel

2 Männchen oberseits grau, mit dunkler Gesichtsmaske

3 Weibchen oberseits braungrau, ohne Gesichtsmaske

Merkmale: Größer als Rotkehlchen. Sitzt oft am Boden auf kleinen Erhöhungen, kann rasch laufen, langsames Wippen des Schwanzes.

Stimme: Einsilbige Rufe, wie »hiid« oder »tschak«. Der Gesang wird meist von einer Erhöhung vorgetragen, auch in einem kurzen Singflug mit schnellen Strophen aus zwitschernden und knirschenden Lauten; auch sind hohe »hiit« herauszuhören. Mitunter Imitationen anderer Vogelstimmen.

Vorkommen: Seltener Brut- und Sommervogel in offenem, dürftig bewachsene oder steinigem Gelände, z. B. Ödflächen, Weiden mit Steinmauern, abgetorften Hochmooren oder im Hochgebirge in der Felsstufe. Als Durchzügler im Frühjahr und Herbst meist häufiger und auch an Orten weitab von Brutplätzen. Winterquartiere liegen in Afrika südlich der Sahara.

Lebensweise: Die Nahrung besteht aus Insekten und anderen Kleintieren, die vor allem auf dem Boden gefangen werden. Die Nester stehen in Höhlen, Spalten oder unter Steinblöcken im oder nahe über dem Boden, auch in Holzhaufen oder in Steinwänden.

J	F	M	A	M	J	J	A	S	O	N	D

Hausrotschwanz *Phoenicurus ochruros*

3er-Check

1. Schwanz ziegelrot
2. Altes Männchen dunkel »rußfarben«, mit weißer Flügelmarke
3. Weibchen und junge Männchen dunkel- oder braungrau

Merkmale: Geringfügig kleiner und vor allem schlanker als Haussperling, relativ hochbeinig. Sehr typisch ist ständiges Schwanzzittern.

Stimme: Häufig hört man hohe und ziemlich scharf pfeifende Rufe wie »fist« in Wiederholung, denen harte »teck« angehängt werden; daher auch Kombinationen wie »fist teck teck...«. Oft hört man fast stimmlose »tk tk tk...«. Der Gesang wird oft auf dem Dachgiebel oder von einer Antenne vorgetragen. Er beginnt mit wenigen Pfeiftönen, etwa »ililil« oder »jirrr-titi«, dann folgt ein kratzender Mittelteil (»Stottern«), dem sich hohe »srüswiswi« anschließen.

Vorkommen: Häufiger Brut- und Sommervogel in Felsen, Steinbrüchen, auf Häusern und Gebäuden in Dörfern und Städten sowie in Industrieanlagen oder einzelnen Scheunen. Hauptwinterquartiere liegen im Mittelmeergebiet.

Lebensweise: Im Frühjahr und Sommer besteht die Nahrung vor allem aus kleinen Insekten und Spinnen, im Spätsommer und Herbst kommen Beeren dazu. Die Nester stehen meist in Höhlungen oder Nischen, oft unter Dachvorsprüngen auf Balken.

J	F	M	A	M	J	J	A	S	O	N	D

RL V *Phoenicurus phoenicurus*

Gartenrotschwanz

3er-Check

1. Ziegelroter Schwanz
2. Männchen schwarze Kehle, weiße Stirn, rotbraune Brust
3. Weibchen Unterseite beige

Merkmale: Geringfügig kleiner und schlanker als Haussperling. Sitzt oft aufrecht; typisch ist Schwanzzittern. Weibchen auf der Unterseite heller als Hausrotschwanz.

Stimme: Bei Erregung Ruf nach oben gezogen »hüit«, oft von schnalzenden kurzen »tick tick...« gefolgt. Gesang wohlklingender als bei Hausrotschwanz, wird meist mit einem »hüid« eingeleitet, dem 2-3 kürzere und etwas tiefere Silben folgen, etwa wie »hüid dedede«. Es folgt dann ein sehr variabler Gesangsteil.

Vorkommen: Brut- und Sommervogel in lichten alten Laub- und Mischwäldern, aber vor allem auch in Gehölzen, Obstgärten und Parkanlagen. Sitzt meist in Bäumen, Büschen oder anderen Warten, z.B. auf Stangen im Garten, aber selten auf Dächern. Winterquartiere liegen in Afrika südlich der Sahara.

Lebensweise: Die Nahrung besteht aus Insekten, die am Boden durch kurzen Anflug oder an niedrigen Pflanzen, aber auch auf Bäumen gefangen werden. Die Nester stehen in Nischen, halboffenen oder auch bis auf ein Einflugloch geschlossenen Baumhöhlen.

J	F	M	A	M	J	J	A	S	O	N	D

Trauerschnäpper *Ficedula hypoleuca*

3er-Check

1 Männchen auffallend schwarz-weiß

2 Kein durchgehendes weißes Halsband

3 Weibchen und Vögel im Herbst braun, mit kleinem weißen Flügelabzeichen

Merkmale: Kleiner als Haussperling. Männchen im Prachtkleid auch oft nur grau, im Schlichtkleid und Weibchen so gut wie nicht von Halsbandschnäppern in diesen Kleidern zu unterscheiden.

Stimme: Häufig ist ein sehr typisches kurzes »bit«, das oft in unregelmäßigen Abständen wiederholt wird und viel härter und kürzer klingt als der Ruf des Halsbandschnäppers. Gesang besteht aus rhythmischen Strophen mit einer Reihe von Lauten im ständigen Tonhöhenwechsel, wie »tsiro tsiro tsiro...« oder »witu witu witu...«.

Vorkommen: Brut- und Sommervogel in Laub- und Mischwäldern, Parks und großen Gärten. Nur in manchen Gebieten häufiger Brutvogel, in Mitteleuropa regional auch fehlend. Auf dem Durchzug überall in Bäumen, auch mitten in Städten. Die Winterquartiere liegen im tropischen Afrika.

Lebensweise: Fängt Insekten meist in der Luft im kurzen Jagdflug, liest sie aber auch von Zweigen ab. Brütet in Baumhöhlen, in Mitteleuropa aber am häufigsten in Nistkästen. Gelegentlich wird dabei auch das Nest eines Vorbesitzers (z.B. Meise) überbaut. Manchmal ist ein Männchen mit 2 Weibchen verpaart.

J	F	M	A	M	J	J	A	S	O	N	D

RL 1 *Ficedula albicollis*

Halsbandschnäpper

3er-Check

1. Männchen auffallend schwarz-weiß
2. Durchgehendes weißes Halsband
3. Weibchen und Vögel im Herbst braun, mit größerem weißem Flügelabzeichen

Merkmale: Kleiner als Haussperling. Männchen im Schlichtkleid und Weibchen so gut wie nicht von Trauerschnäppern in diesen Kleidern zu unterscheiden.

Stimme: Die Rufe sind dünn pfeifend, und klingen wie »iihp« oder »fiit«, also länger und klangvoller als die des Trauerschnäppers. Der Gesang klingt dünner und ist langsamer als der des Trauerschnäppers. Er besteht aus hohen Pfeiftönen, ähnlich wie Rufe, und schärferen und gepressten Lauten, oft in großen Tonsprüngen.

Vorkommen: Brut- und Sommervogel in alten Laubwäldern (z. B. Eichenwäldern) mit Lichtungen, auch in Parks und großen Gärten oder Streuobstanlagen. In Deutschland aber nur in wenigen Gebieten und meist nicht häufig. Auch auf dem Durchzug nicht häufig zu beobachten. Die Winterquartiere liegen im tropischen Afrika.

Lebensweise: Die Nahrung besteht aus Insekten, die meist im kurzen Jagdflug in der Luft gefangen werden. Auch kleine Raupen werden abgelesen. Das Nest steht in Baumhöhlen oder in Nistkästen, die in Mitteleuropa eine große Rolle spielen. Gelegentlich kommen auch Verpaarungen mit Trauerschnäppern vor.

J	F	M	A	M	J	J	A	S	O	N	D

Grauschnäpper *Muscicapa striata*

3er-Check

1. Hellgrau, mit feiner Strichelung an Oberkopf und Brust
2. Schlank, aufrechte Sitzhaltung, relativ dicker Kopf
3. Schnabel an der Basis relativ breit

Merkmale: Etwas kleiner und vor allem schlanker als Haussperling. Kopf wirkt relativ groß. Hinterende durch lange Flügel und langen Schwanz relativ schlank. Männchen und Weibchen sind gleich gefärbt. Typisch sind kurze Jagdflüge von einer Sitzwarte aus, die bald wieder an einem Sitzplatz enden.

Stimme: Oft zu hören, doch Rufe sehr unauffällig, scharf »zrri«, bei Gefahr schärfer wie »issste (te)...«. Der Gesang ist einfach und leise, er besteht meist aus etwas gepressten rauen Tönen.

Vorkommen: Häufiger Brut- und Sommervogel in Wäldern, Parks und Gärten, oft in alten Laubbäumen und an Waldrändern, aber vielfach auch an Häusern. Winterquartiere liegen im tropischen und südlichen Afrika.

Lebensweise: Die Nahrung besteht aus Insekten, die meistens in der Luft in einem kurzen Jagdflug erbeutet werden; dabei rütteln die Vögel auch. Die Nester liegen in Nischen und Halbhöhlen an Bäumen oder an vielen Stellen von Gebäuden und Häusern, oft auch mehr oder minder frei auf einer Unterlage, die von oben geschützt ist. Auch halboffene Nistkästen werden angenommen.

J	F	M	A	M	J	J	A	S	O	N	D

Sylvia borin Gartengrasmücke

3er-Check

1. Braungrau, ohne jede auffallende Zeichnung
2. Schnabel relativ kräftig, undeutlicher heller Augenring
3. Beine hellgrau

Merkmale: Etwa spatzengroß, aber schlanker. Männchen und Weibchen gleich gefärbt.

Stimme: Die Rufe, die man oft aus dem Gebüsch hört, ohne den Vogel zu sehen, klingen schmatzend »tschäck tschäck...«, meist in schneller Folge, vor allem bei hoher Erregung. Der Gesang ist laut und klangvoll; er besteht aus einer schnellen Folge von vollen, oft auch etwas kratzig klingenden Tönen, voller (»orgelnd«) und nicht so rein flötend wie bei der Mönchsgrasmücke.

Vorkommen: Verbreiteter Brut- und Sommervogel in Gebüsch, vor allem an Waldrändern, Feldgehölzen, aber auch in Parks und verwilderten Gärten. Ist im dichten Buschwerk nicht leicht zu sehen. Die Winterquartiere liegen im tropischen Afrika.

Lebensweise: Insekten und deren Larven werden in Büschen, an Baumzweigen, aber auch in höheren Stauden gefangen und abgelesen, mitunter auch im Schwirrflug. Im Spätsommer spielen auch Beeren und weiche Früchte eine Rolle. Die Nester stehen gut versteckt in Sträuchern oder Stauden und sind etwas sperriger als die der Mönchsgrasmücke.

J	F	M	A	M	J	J	A	S	O	N	D

Klappergrasmücke *Sylvia curruca*

2er-Check

1 Oberseite braungrau, Kopf schiefergrau, Kehle hell

2 Beine dunkel

Merkmale: Kleiner als Haussperling, schlank. Kleinste heimische Grasmücke. Männchen und Weibchen sind gleich gefärbt.

Stimme: Rufe klingen kurz schnalzend »tett«, auch zeternd »tsche tsche tsche...«. Der Gesang besteht aus 2 Teilen, einem leise und eilig schwätzenden »Vorgesang«, der dann in lautes klapperndes »telltelltell...« (Name!) übergeht. Oft hört man nur den lauten Teil.

Vorkommen: Brut- und Sommervogel in offenen Waldgebieten, auf Waldlichtungen oder in Nadelbaumschonungen, auch in Parks und Gärten; im Gebirge auch in Latschen. Ist weit verbreitet, aber in vielen Gebieten nicht mehr häufig. Die Winterquartiere liegen im Osten Afrikas.

Lebensweise: Kleine Insekten werden von Sträuchern oder niedrigen Bäumen abgelesen; außerhalb der Brutzeit auch hoch in Baumkronen. Im Spätsommer und Herbst werden auch Beeren genommen, offenbar aber weniger häufig als bei anderen Grasmücken. Die Nester stehen in Sträuchern oder kleinen Nadelbäumen, oft höher als bei anderen Grasmücken. Die Jungen werden nach dem Verlassen des Nestes noch 3 Wochen betreut.

J	F	M	A	M	J	J	A	S	O	N	D

Sylvia communis Dorngrasmücke

3er-Check

1. Flügel rotbraun
2. Oberkopf grau, Kehle weiß bis beige
3. Beine hell bräunlich

Merkmale: Nur geringfügig größer als Klappergrasmücke, kleiner als Mönch- und Gartengrasmücke. Männchen hat einen grau getönten Oberkopf, der beim Weibchen brauner ist. Unterschiede sind aber geringfügig.

Stimme: Die Rufe klingen etwas nasal »wähd wähd...« oder »woid woid...«, bei Gefahr rau »tschähr...«. Der Gesang besteht aus kurzen, relativ rauen und etwas stotternden Strophen. Manchmal kleiner Singflug, auch mit Imitationen anderer Vogelstimmen.

Vorkommen: Brut- und Sommervogel in offenen Landschaften mit Büschen, Hecken und oft auch nur dürftigem Gestrüpp, z.B. an Feldrainen, Gräben, Bahndämmen oder in alten Kiesgruben. Hat in vielen Gebieten stark abgenommen. Die Winterquartiere liegen in Afrika südlich der Sahara.

Lebensweise: Die Nahrung besteht aus kleinen, meist weichhäutigen Insekten; im Spätsommer weniger an Beeren als andere Grasmücken. Dorngrasmücken sitzen öfter frei auf der Spitze eines Strauches. Das Nest steht in Stauden und niedrigen Sträuchern.

J	F	M	A	M	J	J	A	S	O	N	D

Mönchsgrasmücke *Sylvia atricapilla*

3er-Check

1 Oberseite grau bis braungrau

2 Männchen mit kleiner schwarzer Kappe

3 Weibchen und Jungvögel mit brauner Kappe

Merkmale: Etwa so groß wie Haussperling, aber deutlich schlanker.

Stimme: Häufig hört man einen harten, schnalzenden Ruf »täck« oder »tet« (lauter und härter als bei der Klappergrasmücke). Ausgeflogene Jungvögel lassen ein etwas kratziges »idat« hören. Der Gesang besteht aus 2 Teilen, einem leiser schwätzenden Vorgesang, der auch wegfallen kann, und einem kräftigen klaren flötenden Teil, der auch »Überschlag« genannt wird. Der Flötengesang gehört zu den schönsten Vogelgesängen des Gartens.

Vorkommen: Häufigste heimische Grasmücke; Brut- und Sommervogel in unterholzreichen Wäldern, auch im Bergland, in Parks und Gärten mit Baumbestand und höheren Büschen. Leichter zu beobachten als Garten- und Klappergrasmücke. Die Winterquartiere liegen in West- und Südeuropa sowie in Afrika.

Lebensweise: Insekten und andere Kleintiere werden in Bäumen und Büschen gefangen. Im Spätsommer und Herbst spielt Beerennahrung (besonders Hollunder) eine größere Rolle als bei anderen Grasmücken. Die Nester stehen in Büschen sowie in niedrigen Laub- und Nadelbäumen.

J	F	M	A	M	J	J	A	S	O	N	D

Hippolais icterina Gelbspötter

3er-Check

1. Schlank, Unterseite gelblichgrün, Rücken etwas dunkler
2. Relativ langer heller Schnabel
3. Überaugenstreif undeutlich

Merkmale: Viel kleiner und schlanker als Haussperling, größer als Zilpzalp und Fitis. Männchen und Weibchen sind gleich gefärbt.

Stimme: Der Lockruf klingt wie »tä tä luiht«; eilig und etwas kratzig vorgetragen. Der Gesang ist laut und sehr variabel. Man erkennt ihn am besten daran, dass in das eilige Schwätzen immer wieder nasale und etwas jammernde Silben eingeflochten werden, wie »gíe gíe...« und auch der typische Lockruf zu hören ist. Auch Imitationen anderer Vögel sind enthalten; sie sind allerdings weniger perfekt als beim Sumpfrohrsänger.

Vorkommen: Brut- und Sommervogel in Laubwäldern mit viel Unterholz, an Waldrändern, in Feldgehölzen, Parks und buschreichen Gärten. Nicht leicht zu beobachten und in manchen Gebieten selten geworden. Die Winterquartiere liegen im tropischen Afrika.

Lebensweise: Insekten und andere Kleintiere werden vor allem von Zweigen in Büschen und Bäumen abgelesen. Beerennahrung spielt in Mitteleuropa kaum eine Rolle. Das Nest ist sorgfältig gebaut, mit tiefer Mulde und hängt meistens an einer Astgabel, oft recht hoch über dem Boden.

J	F	M	A	M	J	J	A	S	O	N	D

Fitis *Phylloscopus trochilus*

1

2

3er-Check

1 Oberseite hell olivgrün, Hals gelblich

2 Helle Beine

3 Flötender Gesang

Merkmale: Wenig größer als ein Goldhähnchen. Vom Zilpzalp optisch nur sehr schwer zu unterscheiden. Männchen und Weibchen sind gleich gefärbt.

Stimme: Wichtigste Bestimmungshilfe. Die Lockrufe sind weicher pfeifend als beim Zilpzalp, etwa »hüit«, mehr auf der ersten Silbe betont (aber nicht immer leicht von Zilpzalp zu unterscheiden). Der Gesang besteht aus einer Reihe abfallender Pfeiftöne; er klingt etwas wehmütig wie z.B. »sisi wüi wüi wüi swi swi swi tuui tuui dei da da« und erinnert im Aufbau entfernt an den Buchfinken.

Vorkommen: Häufiger Brut- und Sommervogel in lichten Wäldern, Feldgehölzen und vor allem in Büschen an Flussläufen, Seen und in Mooren und Feuchtgebieten, auch in Parks und Gärten. Die Winterquartiere liegen in Afrika südlich der Sahara.

Lebensweise: Kleine Insekten werden im eiligen Herumhüpfen und -flattern, aber auch im Rüttelflug von Zweigen und Blättern abgelesen. Das backofenförmige Nest mit vollständiger Überdachung und seitlichem Eingang steht gut versteckt auf oder in dichter Vegetation niedrig über dem Boden.

J	F	M	A	M	J	J	A	S	O	N	D

Phylloscopus collybita Zilpzalp

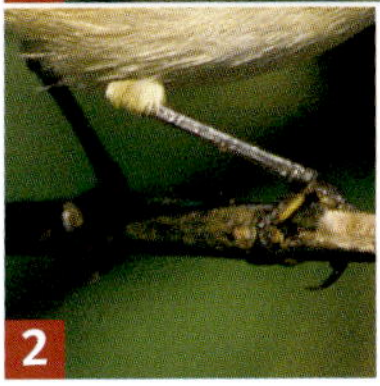

3er-Check

1. Oberseite kräftiger (als Fitis) graugrün
2. Beine dunkel
3. Rhythmischer Gesang

Merkmale: Wenig größer als ein Goldhähnchen. Vom Fitis optisch nur sehr schwer zu unterscheiden. Männchen und Weibchen sind gleich gefärbt.

Stimme: Der pfeifende Lockruf »hüit« klingt etwas schärfer als beim Fitis und ist in der Regel am Schluss betont, manchmal schärfer und so gut wie einsilbig »whit«. Der Gesang ist eine rhythmische Folge von scharfen, einsilbigen Tönen in etwas unterschiedlichen Tonlagen, etwa »zilp zelp zelp zalp zilp...« und leicht zu erkennen. Zwischen den Strophen ist oft gedämpft »trr trr...« zu hören.

Vorkommen: Sehr häufiger Brut- und Sommervogel in Laub- und Mischwäldern, in Feldgehölzen, Parks und Gärten. Im Winter vereinzelt in Mitteleuropa. Die Winterquartiere liegen im Mittelmeerraum.

Lebensweise: Kleine Insekten werden von Blättern und Zweigen in Flattersprüngen, aber auch im Rüttelflug abgelesen, auf dem Zug auch in niedriger Vegetation. Die kleinen Vögel sind sehr unruhig und lebhaft. Das überdachte Backofennest steht meist niedrig über dem Boden in der Vegetation versteckt.

J	F	M	A	M	J	J	A	S	O	N	D

Waldlaubsänger *Phylloscopus sibilatrix*

2er-Check

1 Oberseite grün, Bauch weiß

2 Kräftiger Überaugenstreif und Kehle gelblich

Merkmale: Etwa so groß wie Fitis, wirkt aber länger gestreckt. Ein dunklerer Strich durchs Auge hebt sich meist deutlich ab. Männchen und Weibchen sind gleich gefärbt.

Stimme: Der Ruf ist ein gedämpftes »tüh« oder auch ein kurzes scharfes »zip«. Ähnliche Töne, die sich beschleunigen leiten auch den Gesang ein, der in einem Schwirrer endet; eine Strophe klingt dann etwa wie »zip zip zip zipzipzip ... zwwürrürrrürrr«, dazwischen hört man auch immer wieder Reihen intensiver werdender »tüh«-Laute. Während der einleitenden »zip«-Laute wird zwischen den Bäume meist ein kleiner Singflug ausgeführt.

Vorkommen: Sommervogel in hochstämmigen und schattigen Laub- und Mischwäldern, vor allem in Buchenwäldern mit wenig Unterwuchs, auch in Parkanlagen mit entsprechendem Baumbestand. Die Winterquartiere liegen im tropischen Afrika.

Lebensweise: Die Insekten werden meist im Kronendach der Waldbäume gesucht. Das Nest steht meist auf dem Waldboden und ist wie bei allen Laubsängern backofenförmig, aus alten Halmen und Grasblättern gebaut und meist gut getarnt.

J	F	M	A	M	J	J	A	S	O	N	D

Phylloscopus bonelli Berglaubsänger

2er-Check

1. Oberseite graugrün, Unterseite ganz weiß
2. Kehle und Überaugenstreif nicht gelblich

Merkmale: Knapp so groß wie Fitis. Der Bürzel ist gelbgrünlicher als der Rücken. Das Gesicht ist meist nicht so auffällig gezeichnet wie beim Waldlaubsänger. Männchen und Weibchen sind gleich.

Stimme: Der Lockruf ist deutlich zweisilbig und klingt wie ein weicher Pfiff nach oben gezogen »hü lif«. Der Gesang ist eine lockere Folge von hellen Lauten, erinnert an den Schwirrer des Waldlaubsängers, hat aber keine langsamere Einleitung. Die Silben der etwas klappernden Strophe folgen auch etwas langsamer, nicht schnurrend.

Vorkommen: Nicht seltener Sommervogel in Laub-, Nadel- und Mischwäldern an Berghängen, in Mitteleuropa fast ganz auf die Alpen und ihr Vorland sowie auf Mittelgebirge im Südwesten beschränkt. Die Winterquartiere liegen in Afrika südlich der Sahara.

Lebensweise: Hält sich fast stets auf Bäumen, sucht nur zur Brut den Boden auf. Das Backofennest steht meist an sonnigen Plätzen am Boden, oft in überhängendem Gras versteckt. Der Unterbau wird aus Laub und Moos gebaut, Seitenwände und Dach bestehen aus Halmen.

J	F	M	A	M	J	J	A	S	O	N	D

Drosselrohrsänger

Acrocephalus arundinaceus

RL 2

3er-Check

1. Langgestreckter Körper, Oberseite hellbraun
2. Undeutlicher heller Überaugenstreif
3. Relativ langer, kräftiger Schnabel

Merkmale: Deutlich größer als Sperling. Größter einheimischer Rohrsänger. Robuster Körper mit relativ langem Schwanz. Männchen und Weibchen sind gleich gefärbt.

Stimme: Rufe hört man relativ selten, tiefe und schnalzend »kschak« oder auch rauer »krrak«. Der Gesang klingt rhythmisch abgehackt ähnlich wie beim Teichrohrsänger, ist viel lauter und oft weit zu hören. Besonders typisch sind große Höhenunterschiede, etwa wiederzugeben wie »trr trr kaar karra kaar krieht krieht...«.

Vorkommen: Heute meist nicht mehr häufiger Sommervogel in hohen und dichten, meist auch ausgedehnten Schilfbeständen, und zwar meist in den im Wasser stehenden Halmen an Seen, Teichen, Gräben, Kanälen. Hat in Deutschland sehr stark abgenommen. Die Winterquartiere liegen im tropischen Afrika.

Lebensweise: Das Leben spielt sich fast ausschließlich im hohen Wasserschilf und in Rohrkolbenbeständen ab. Die Nahrung setzt sich vor allem aus größeren Insekten zusammen. Das Nest ist ein tiefer Napf aus alten Halmen und Schilfblättern, der in kräftige Schilf und Rohrkolbenhalme über dem Wasser eingeflochten ist.

J	F	M	A	M	J	J	A	S	O	N	D

RL 2 *Acrocephalus schoenobaenus*

Schilfrohrsänger

3er-Check

1. Schlank; braune Oberseite dunkel gemustert
2. Breiter heller Überaugenstreif, dunkel gestreifter Oberkopf
3. Schwanzspitze gerundet

Merkmale: Kleiner und schlanker als Sperling. Männchen und Weibchen sind gleich gefärbt.

Stimme: Bei Erregung hört man rollende »errr« oder schmatzende »täck«. Der Gesang ist nicht rhythmisch unterteilt, sondern eine lange, meist langsam beginnende und sich dann beschleunigende Tonfolge, die wie ein eiliges Schwätzen klingt. Oft wird ein kleiner Singflug eingeschaltet.

Vorkommen: Verbreiteter, aber nicht überall häufiger Sommervogel im Schilf oder in dichten Seggenbeständen oder hohen Binsen im und am Wasser; auch in Sümpfen und Mooren oder manchmal an kleinen Gräben oder Kanälen im Kulturland, vor allem wenn in Bestände krautiger Pflanzen einzelne Büsche eingesprengt sind. Die Winterquartiere liegen in Afrika südlich der Sahara.

Lebensweise: Hüpft weniger häufig auf senkrechten Halmen wie etwa der Teichrohrsänger, sondern ist z.B. auch in Büschen und Stauden zu sehen. Das Nest steht meist niedrig in der Vegetation über Wasser oder über trockenem Grund. Es kann mit Stängeln verwoben sein, ist aber selten an senkrechten Halmen aufgehängt.

J	F	M	A	M	J	J	A	S	O	N	D

Teichrohrsänger *Acrocephalus scirpaceus*

3er-Check

1. Schlank, Oberseite hell- bis rötlichbraun; wie Sumpfrohrsänger
2. Lange Flügelspitzen
3. Meist im Schilf; Gesang!

Merkmale: Optisch vom Sumpfrohrsänger kaum zu unterscheiden. Wichtig für das Erkennen sind Gesang und auch das Vorkommen. Männchen und Weibchen sind gleich gefärbt.

Stimme: Die Rufe sind kurz und unauffällig, wie »tschk« oder »tsche«. Der Gesang läuft relativ langsam ab und enthält vor allem harte und raue Töne, dazwischen auch höhere Pfeiftöne. Typisch ist der etwas abgehackte, rhythmisch gegliederte Vortrag in meist einheitlichem Tempo; keine Beschleunigung wie Schilfrohrsänger.

Vorkommen: Verbreitetster Rohrsänger im Wasserschilf, auch in kleinen Beständen mit hohen Halmen. Sommervogel; die Winterquartiere liegen in Zentralafrika.

Lebensweise: Klettert sehr geschickt an senkrechten Halmen und ist oft wenig scheu, daher von den typischen Schilfvögeln auch am leichtesten zu beobachten. Das Nest ist ein fest gefügter tiefer Napf aus vorjährigen Schilfrispen, der an Schilfhalmen oder anderen senkrechten Pflanzenstengeln aufgehängt ist. Die Trägerhalme werden ins Nest eingeflochten. Wahrscheinlich als Schutz gegen Wind ist das Nest etwas tiefer als beim Sumpfrohrsänger.

J	F	M	A	M	J	J	A	S	O	N	D

Acrocephalus palustris Sumpfrohrsänger

1

2

3er-Check

1. Schlank, Oberseite hellbraun; wie Teichrohrsänger
2. Lange Flügelspitzen, Federspitzen hell
3. Meist in Stauden und Büschen; Gesang!

Merkmale: Optisch vom Teichrohrsänger kaum zu unterscheiden. Wichtig für das Erkennen sind Gesang und auch das Vorkommen. Männchen und Weibchen sind gleich gefärbt.

Stimme: Die Rufe sind ähnlich wie die vom Teichrohrsänger. Der Gesang, der auch nachts zu hören ist, besteht aus einem Gemisch unterschiedlichster Laute. Die einzelnen Bestandteile sind so gut wie ausschließlich Imitationen anderer Vogelstimmen, oft dem Original täuschend ähnlich. Dazwischen dann gequetschte und raue Töne und auch Verlangsamungen. Kein anderer heimischer Vogel singt ähnlich vielseitig.

Vorkommen: Verbreiteter Sommervogel in dichter Staudenvegetation (z.B. Brennnessel, Mädesüß, Wasserdost), häufig an feuchten Stellen, an Gräben, in der landseitigen Ufervegetation von Seen und Teichen, in feuchten Niederungen usw., auch in Büschen. Die Winterquartiere liegen in Afrika südlich des Äquators bis Südafrika.

Lebensweise: Sumpfrohrsänger halten sich meist versteckt in der dichten Vegetation. Das Nest ist in senkrechten Halmen dichter Stauden aufgehängt, nie über Wasser.

J	F	M	A	M	J	J	A	S	O	N	D

Wintergoldhähnchen *Regulus regulus*

3er-Check

1 Winzig; kurzer Körper

2 Schmaler Scheitelstreif, orange bis gelb

3 Großes dunkles Auge in hellem Gesicht

Merkmale: Kleinster Vogel Europas. Innerhalb der schwarzen Begrenzung haben Männchen einen gelb-orangefarbenen, Weibchen nur einen gelben Scheitelstreif. Oft ist aber das Gelb kaum sichtbar. Jungvögel mit grauem Kopf, ohne gelb.

Stimme: Rufe und Gesang sehr hoch. Rufe »sri sri sri«, meist etwas höher und weicher als Sommergoldhähnchen. Der Gesang besteht aus hohen, schnell auf und ab laufenden Tönen mit einem Schlussteil, der an Baumläufer erinnert.

Vorkommen: Häufiger Jahresvogel in Nadel- und Mischwäldern. Auf dem Durchzug nördlicher Vögel und im Winter auch Gast in Gärten und dann auch in Büschen und Hecken.

Lebensweise: Goldhähnchen bewegen sich meist sehr flink und versteckt in Baumkronen, sind sehr lebhaft und wenig scheu. Bei Suche nach kleinen weichhäutigen Insekten oder Spinnentieren rütteln sie auch oft vor den Zweigen. Man sieht sie meist nur für kurze Momente. Das Nest ist kugelig, nach oben offen und aus Moos, Flechten und Spinnweben, meist mit kleinen Federn ausgepolstert. Es hängt in Zweigen von Nadelbäumen.

J	F	M	A	M	J	J	A	S	O	N	D

Regulus ignicapillus **Sommergoldhähnchen**

3er-Check

1 Winzig; kurzer Körper

2 Scheitelstreif leuchtend orange bis gelb

3 Weißer Überaugenstreif, dunkler Strich durchs Auge

Merkmale: Kaum größer als Wintergoldhähnchen. Innerhalb der schwarzen Begrenzung haben Männchen einen deutlich orangefarbenen, Weibchen in der Regel nur einen gelben Scheitelstreif. Jungvögel mit grauem Kopf; dunkler Augen- und heller Überaugenstreif schwach sichtbar.

Stimme: Rufe sind sehr ähnlich Wintergoldhähnchen, geringfügig tiefer und meist etwas kräftiger und manchmal mit sich beschleunigendem Tempo. Der Gesang besteht aus einer Folge nahezu gleich hoher, gegen Ende zu etwas ansteigender und sich beschleunigender Töne, etwa »zü zi zi zi zi zi zi zi zirrr«.

Vorkommen: Häufiger Sommervogel in Nadel- und Mischwäldern, auf dem Durchzug auch in Gärten, Alleen oder Parkanlagen. Die Winterquartiere liegen hauptsächlich in Südwesteuropa und im westlichen Mittelmeerraum.

Lebensweise: Das Verhalten ist sehr ähnlich dem Wintergoldhähnchen, so dass man die beiden Arten bei flüchtigen Sichtkontakten oft nur schwer auseinanderhalten kann.

J	F	M	A	M	J	J	A	S	O	N	D

Feldschwirl *Locustella naevia*

3er-Check

1 Schlank

2 Oberseite braun, dunkel gemustert

3 Schwanz keilförmig

Merkmale: Deutlich schlanker als Haussperling, meist langgestreckte Körperhaltung. An der Kehle sieht man aus der Nähe manchmal eine feine Strichelung. Männchen und Weibchen sind gleich gefärbt.

Stimme: Rufe sind nicht auffällig. Der Gesang erinnert eher an ein Insekt als an einen Vogel. Er besteht aus einem langen, etwas klappernden, fast mechanisch klingenden Schwirrer »sir r r r r r ...«, der vor allem in der Dämmerung und auch nachts zu hören ist.

Vorkommen: Sommervogel in offenem Gelände mit niedriger Vegetation, vor allem in Feuchtwiesen mit höheren Kräutern und Stauden, im Gebüsch am Flussufer und in Flussauen und in Verlandungszonen und Mooren; aber auch auf trockenen Flächen wie Waldlichtungen, Kahlschlägen. Die Winterquartiere liegen im tropischen Afrika.

Lebensweise: Da die Vögel fast wie Mäuse durch dichte Vegetation klettern und schlüpfen, sind sie schwer zu sehen. Nur beim Singen sitzen die Männchen oft exponiert. Das Nest ist am Boden in dichter Vegetation versteckt.

J	F	M	A	M	J	J	A	S	O	N	D

Kohlmeise

Parus major

3er-Check

1. Rücken grünlich, weißer Flügelstreif
2. Schwarzer Kopf mit weißen Backen
3. Gelbe Unterseite mit schwarzem Mittelstrich

Merkmale: Kleiner als Haussperling. Bei den Männchen ist der schwarze Mittelstreifen auf der gelben Unterseite breiter und intensiver gefärbt als bei Weibchen. Jungvögel haben matte Farben und oft nur die Andeutung eines schwarzen Mittelstreifens.

Stimme: Sehr vielseitig und kräftiger als andere Meisen. Rufe z.B. »pink pink« ähnlich Buchfink, zweisilbig »si tüit« oder »zu it«, zeternd »schäschäschä...«. Bettelruf der ausgeflogenen Jungen etwas quengelnd »ze ze tät...«. Der klingelnde Gesang, den man schon ab Spätwinter hören kann, besteht aus einfachen kurzen zwei- bis dreisilbigen Tonfolgen, etwa »zi dä« oder »zi zi tä...«.

Vorkommen: Sehr häufiger Jahresvogel in Wäldern, Gehölzen, Hecken und vor allem auch in Parks und Gärten in der Nähe des Menschen.

Lebensweise: Meist nicht scheu, lässt sich mancherorts in Parks auch auf der Hand füttern. Im Sommerhalbjahr besteht die Nahrung hauptsächlich aus Insekten und deren Larven und anderen Kleintieren, außerhalb der Brutzeit aus vielen Sämereien. Das Nest wird in Baumhöhlen oder Nistkästen angelegt.

J	F	M	A	M	J	J	A	S	O	N	D

Sumpfmeise *Parus palustris*

3er-Check

1. Oberseite braungrau, kleiner Kopf oben schwarz
2. Weiße Wangen nach hinten nicht deutlich begrenzt
3. Flügel ohne Aufhellung

Merkmale: Kleiner als Kohlmeise. Für die Unterscheidung von der ähnlichen Weidenmeise ist die Stimme wichtig. Männchen und Weibchen sind gleich gefärbt.

Stimme: Der häufigste Ruf ist ein kurzes, fast explosives »zi dä« (das auch die Kohlmeise nachahmen kann), manchmal länger z.B. als »zi dä dä dä«. Im Unterschied zur Weidenmeise sind die »dä«-Silben kurz. Der Gesang besteht aus wiederholten Einzeltönen, z.B. klappernd »tjätjätjä« oder auch »zi wüd zi wüd...«.

Vorkommen: Häufiger Jahresvogel in Laub- und Mischwäldern, auch in Parks und größeren Gärten mit Bäumen. Kommt häufiger an Futterstellen als Weidenmeise.

Lebensweise: Im Frühjahr und Frühsommer besteht die Nahrung vor allem aus Insekten, Spinnen und anderen Kleintieren; ab Spätsommer herrschen Sämereien vor. Bei gutem Samenangebot, auch an Fütterungen, wird oft ein kleiner Vorrat in Rindenspalten oder Astwinkeln angelegt, zu dem oft mehrere Samenkörner im Schnabel transportiert werden. Die Nester werden in Baumhöhlen, anderen Naturhöhlungen oder in Nistkästen angelegt.

J	F	M	A	M	J	J	A	S	O	N	D

Parus montanus Weidenmeise

3er-Check

1. Oberseite braungrau, großer Kopf oben schwarz
2. Weiße Wangen hinten deutlich umgrenzt
3. Helleres Flügelfeld erkennbar

Merkmale: Kleiner als Kohlmeise. Für die Unterscheidung von der ähnlichen Sumpfmeise ist die Stimme wichtig. Männchen und Weibchen sind gleich gefärbt.

Stimme: Rufe beginnen mit zwei kurzen hohen Tönen und enden in einem etwas heiser und nasal klingenden Laut, etwa »zi zi däh...«, oft hört man nur gedehnte »däh«, länger und weicher als die kurzen »dä« der Sumpfmeise. Der Gesang besteht aus einer Reihe von gedehnteren Lauten wie bei der Sumpfmeise, entweder »ziü ziü ziü ziü...« oder in den Alpen »zie zie zie...«.

Vorkommen: Jahresvogel in feuchten, unterholzreichen Laub- und Mischwäldern, vor allem auch in flussbegleitenden Gehölzen und Mooren. In den Alpen (andere Unterart) in Nadel- und Mischwäldern bis hinauf zur Krummholzstufe.

Lebensweise: Die Nahrung besteht im Frühjahr und Sommer aus Insekten und anderen Kleintieren, außerhalb der Brutzeit vor allem aus Sämereien. Die Höhlen für die Nester hacken Weidenmeisen in morschen und sehr weichen Hölzern selbst aus, auch Anfänge von Spechtlöchern werden ausgebaut.

J	F	M	A	M	J	J	A	S	O	N	D

Blaumeise *Parus caeruleus*

3er-Check

1. Kurzer Schnabel
2. Scheitel blau, weiß eingerahmt
3. Unterseite gelb, ohne breiten schwarzen Streifen

Merkmale: Kleiner als Kohlmeise. Weibchen sind oft etwas matter gefärbt als Männchen. Jungvögel wirken oberseits grünlicher, haben gelbe statt weiße Wangen.

Stimme: Wie Kohlmeise reichhaltiges Repertoire, aber Laute feiner und weniger kräftig. Rufe z.B. »sisidüdü« oder »sisisi...«, bei Erregung »terrrretetetet«. Gesang silberhell, wie »siiih siiihh sürürrr« oder kürzer »si-si sürrr«.

Vorkommen: Häufiger Jahresvogel in Lebensräumen mit Bäumen, vor allem Laubwälder, Mischwälder, Parks, Gärten. Kommen regelmäßig an Fütterungen.

Lebensweise: Die Nahrung besteht im Sommerhalbjahr hauptsächlich aus sehr kleinen Insekten, im Frühjahr auch aus Blütennektar und Blüten, im Winter aus kleinen Sämereien. Die Vögel turnen viel an dünnen Zweigen herum und gehen an Fütterungen gern an Meisenknödel. Die Nester werden in Baumhöhlen, Mauerlöchern und Nistkästen angelegt. Kleine Einschlupflöcher (Durchmesser 28 mm) verschaffen Blaumeisen Vorteile gegenüber größeren Konkurrenten.

J	F	M	A	M	J	J	A	S	O	N	D

Parus cristatus Haubenmeise

1

2

3

3er-Check

1. Oberseite braun
2. Kopf mit Haube
3. Schwarz-weiße Gesichtszeichnung

Merkmale: Kleiner als Kohlmeise. Haube kann nach hinten angelegt werden. Männchen und Weibchen sind gleich gefärbt.

Stimme: Der Ruf ist außerordentlich charakteristisch, klingt schnurrend und rollend wie »gürrrr«, oft sind vorher noch feine »zit« zu hören. Der Gesang besteht im Wesentlichen aus solchen Rufen, die mit hohen »zit« und »züt« aneinander gereiht werden.

Vorkommen: Häufiger Jahresvogel in Nadelwäldern; seltener in Nadelholzbeständen inmitten von Laubwäldern oder größeren Parkanlagen. In Gärten nur ausnahmsweise, vor allem wenn Nadelwald in der Nähe ist. An Futterplätzen daher nicht häufig.

Lebensweise: Die Nahrung besteht im Sommer aus kleinen Insekten und deren Larven sowie Spinnen, im Winter vor allem aus Sämereien, wobei Samen von Fichte und Kiefer die wichtigste Rolle spielen. Im allgemeinen suchen die Vögel in dichten Nadelzweigen der Kronenregion nach Nahrung, kommen aber auch vor allem im Frühjahr auf den Boden herunter und sind dann nicht scheu. Die Nester werden meist in selbst gehackten Höhlungen in weichem oder morschem Holz angelegt, wenige brüten auch in Nistkästen.

J	F	M	A	M	J	J	A	S	O	N	D

Tannenmeise *Parus ater*

3er-Check

1. Kopf schwarz, Backen weiß
2. Weißer Nacken
3. Unterseite grau bis beige (nicht gelb)

Merkmale: Kleiner als Kohlmeise, in der Färbung viel weniger auffällig. Kopf wirkt relativ groß. Unterseite ohne schwarzen Mittelstreifen. Bei Erregung ist eine kleine spitze Haube am Hinterkopf zu erkennen. Im Flügel meist 2 feine weiße Binden erkennbar. Männchen und Weibchen sind gleich gefärbt.

Stimme: Die Rufe sind fein und hoch, klingen wie »zieht«, »ziewü« oder »tiit«. Sie sind wie auch der Gesang meist deutlich leiser, dünner und feiner als die Stimme der Kohlmeise. Der Gesang besteht aus einer eilig vorgetragene Reihe feiner Töne, wie »zide zide zide...« oder »sitjü sitjü...«, im Aufbau an Kohlmeise erinnernd.

Vorkommen: Sehr häufiger Jahresvogel in Nadelwäldern, auch in Mischwäldern. Im Herbst sind mitunter wandernde Trupps in Gärten, Parkanlagen oder Alleen zu beobachten.

Lebensweise: Insekten und Spinnen, im Winter vor allem Fichtensamen bilden die Nahrung. Man sieht die munteren kleinen Vögel auch an Laubbäumen bei der Nahrungssuche. Die Nester werden in Baumhöhlen oder Nistkästen angelegt, finden sich aber auch in Bodenlöchern, Mauerlöchern oder Felsspalten.

J	F	M	A	M	J	J	A	S	O	N	D

Aegithalos caudatus Schwanzmeise

3er-Check

1. Körper klein; extrem langer Schwanz
2. Kurzer Schnabel, Kopf weiß ...
3. oder mit einem breiten schwarzen Streifen über dem Auge

Merkmale: Körper viel kleiner als Kohlmeise. Männchen und Weibchen sind gleich gefärbt. Jungvögel haben dunkle Kopfseiten.

Stimme: Rufe hört man meist bevor man die Vögel sieht, und zwar hohe »srih srih srih«, denen dann meist ein sehr typisches schnurrendes »zerrr« folgt. Aus der Nähe hört man auch kurze Schnalzlaute wie »tp«. Gesang ist leises Zwitschern und selten zu hören.

Vorkommen: Weit verbreiteter, aber nirgends sehr häufiger Jahresvogel in naturnahen Laub- und Mischwäldern mit ausreichend Unterwuchs, auch in Parks und Gärten. Kommt auch an Futterstellen.

Lebensweise: Im Spätsommer, Herbst und Winter sieht man am häufigsten kleinere und größerer Trupps, die meist nur kurz an einem Ort verweilen. Die Vögel turnen rastlos an dünnen Zweigen herum, hängen oft auch kopfunter. Die Nahrung setzt sich aus kleinen Insekten, Spinnen, Knospen und Teilen von Früchten zusammen; am Futterplatz im Winter wird Kleie-Fett-Gemisch angenommen. Das Nest ist ein kunstvoll gebautes geschlossenes Hochoval aus Moos, Flechten und Gespinsten mit seitlichem Eingang, meist in hohen Gebüschen oder in einer Astgabel.

J	F	M	A	M	J	J	A	S	O	N	D

Beutelmeise *Remiz pendulinus*

3er-Check

1. Rotbrauner Rücken
2. Grauer Kopf mit schwarzer Maske
3. Feiner spitzer Schnabel

Merkmale: Etwa so groß wie Blaumeise. Schwarze Gesichtsmaske bei Männchen größer als bei Weibchen, Jungvögel mit hell graubraunem Kopf ohne Maske.

Stimme: Sehr fein, dünn pfeifend »siiü«, am Ende etwas abfallend, gezogener und feiner als ähnlicher Ruf der Rohrammer. Gesang nicht laut, mit kleinen Trillern und eingestreuten Rufen.

Vorkommen: Brutvogel vor allem im Osten Mitteleuropas, hat sich neuerdings nach Westen ausgebreitet. Brütet in Laubbäumen an Flüssen und Seen oder in Moorgebieten. Hauptwinterquartier Südwesteuropa und Mittelmeergebiet.

Lebensweise: Die Männchen beginnen mit dem Bau der kunstvollen geschlossenen Beutelnester, die vor allem aus Samenhaaren von Pappeln und Weiden gebaut werden und meist an der Spitze eines herabhängenden Zweiges befestigt sind. Weibchen wählen Männchen mit Nestanfang, bebrüten meistens allein die Eier. Die Jungen werden dann von beiden Eltern oder nur vom Männchen oder Weibchen gefüttert. Die Partnerverhältnisse sind kompliziert, ein Weibchen kann mit mehrere Männchen verpaart sein.

J	F	M	A	M	J	J	A	S	O	N	D

Corvus corax Kolkrabe

3er-Check

1. Schwarz, metallisch glänzend
2. Kräftiger Schnabel
3. Keilförmiger Schwanz

Merkmale: Etwas größer als Mäusebussard und damit größter Singvogel der Welt. Männchen und Weibchen sind gleich gefärbt. Flügel werden im Kreisen waagerecht gehalten oder sogar leicht gesenkt.

Stimme: Kehlige, meist tiefe und laute Rufe sind typisch, z. B. hohl klingenden »korrrk«, bei Erregung auch hart »krack krack krack«, auch gedämpfte und höhere »kruuk«. Bei der Balz glucksende und knackende Laute oder hohl klingende »klong«. Stimme tiefer und voller als die der Rabenkrähe.

Vorkommen: Brut- und Jahresvogel in großen Waldgebieten. Schwerpunkte der Verbreitung in Mitteleuropa sind die Alpen und ihr Vorland, die südlichen Mittelgebirge und das östliche Norddeutschland. Der Bestand nimmt gebietsweise zu.

Lebensweise: Die Nahrung ist sehr vielseitig und umfasst Aas, Fallwild, Abfälle, Nachgeburten von Weidetieren, Kleinsäuger, Reptilien, Würmer und andere Kleintiere, aber auch Pflanzenteile, Sämereien und Früchte. Die Nester stehen in Felswänden oder auf Bäumen.

J	F	M	A	M	J	J	A	S	O	N	D

Rabenkrähe *Corvus corone*

3er-Check

1. Schwarz glänzend
2. Oberschnabel erst an der Spitze abwärts geborgen
3. Schwanzspitze höchstens schwach gerundet

Merkmale: Größer als Haustaube. Männchen und Weibchen sind gleich gefärbt.

Stimme: Heiser krächzende und laute Rufe, wie »krah« oder »arrr«, die von denen der Saatkrähe mit einiger Übung gut zu unterscheiden sind und erstaunlich vielseitig sein können.

Vorkommen: Häufiger Jahresvogel in offenen und halboffenen Landschaften im Westen Deutschlands und Österreichs sowie in der Schweiz. Brütet in Einzelpaaren in Gehölzen der offenen Kulturlandschaft, an Waldrändern, aber auch in Parks und vor allem neuerdings zunehmend in Städten.

Lebensweise: Während Brutpaare einzeln leben und Reviere verteidigen, halten sich Nichtbrüter (»Junggesellen«) meist in Schwärmen auf, auch den Sommer über. An Müllkippen und Schlafplätzen oft größere Ansammlungen. Die Nahrung ist vielseitig und reicht von Insekten, Würmern bis zu Kleinsäugern, Jungvögeln oder erschöpften größeren Tieren, auch Aas und Abfall. Die Plünderung von Vogelnestern wird meist übertrieben; Eier werden auch aus Nestern der eigenen Art (!) geraubt.

J	F	M	A	M	J	J	A	S	O	N	D

Corvus cornix Nebelkrähe

1

2er-Check

1 Körper grau bis braungrau

2 Kopf, Flügel und Schwanz schwarz

2

Merkmale: Größe und Gestalt wie Rabenkrähe. Männchen und Weibchen sind gleich gefärbt. Bei Mischlingen mit Rabenkrähe sind Farb- und Helligkeitsunterschiede zwischen grauem Körper und dunklen Kopf, Schwanz, Flügel oft sehr gering.

Stimme: Krächzende Laute »kraa kraa kraa«, wie Rabenkrähe, aber oft etwas weicher und heiserer.

Vorkommen: Häufiger Brut- und Jahresvogel in Gehölzen, an Waldrändern, Parks und in Gärten Nordostdeutschlands und im Osten und Südosten Österreichs. Weiter westlich nur Wintergast in geringer Zahl. Brutvögel in Nord- und Nordosteuropa ziehen kurze Strecken, sonst Standvogel.

Lebensweise: Raben- und Nebelkrähe sind sehr nahe miteinander verwandt. Ihr Verhalten ist daher so ähnlich, dass vor allem in schmalen Vermischungszonen zwischen den weitgehend getrennten Brutgebiete, aber gelegentlich auch anderswo Bastarde auftreten. Die Nahrung ist wie bei der Rabenkrähe sehr vielseitig und umfasst Kleintiere bis zu kleinen Säugetieren und Jungvögeln, auch Eier, ferner Aas und Abfälle.

J	F	M	A	M	J	J	A	S	O	N	D

Saatkrähe *Corvus frugilegus*

3er-Check

1. Glänzend blauschwarz
2. Schnabel von der Basis spitz zulaufend
3. Altvögel hellgraue Schnabelbasis

Merkmale: Größe wie Rabenkrähe. Gestalt aber etwas anders: Steilere Stirn, spitzerer Oberkopf und durch locker abstehendes Gefieder dickerer Bauch. Männchen und Weibchen sind gleich gefärbt. Bei Jungvögeln ist bis in den Mai des zweiten Kalenderjahres die Gegend um die Schnabelbasis wie bei der Rabenkrähe befiedert.

Stimme: Rufe sind heiser und klingen etwas nasal, ohne dass man ein rollendes »r« heraushört, etwa »gaah« oder »gääh«.

Vorkommen: Jahres- und Brutvogel in Gehölzen der offenen Kulturlandschaft, auch in Dörfern oder Parks. Nahrungssuche in Schwärmen auf Feldern. Im Winter große Scharen östlicher Vögel oft zusammen mit Dohlen in und um Städten.

Lebensweise: Die Nahrung besteht hauptsächlich aus Kleintieren (besonders Regenwürmern, bodenbewohnenden Insektenlarven) und Sämereien. Eier und Jungvögel sind mehr Gelegenheitsbeute. Die Reisignester stehen auf Bäumen und meist in größeren Kolonien beisammen. Auch sonst sind Saatkrähen sehr gesellig und bilden in der Regel viel größere Schwärme als Rabenkrähen.

J	F	M	A	M	J	J	A	S	O	N	D

Dohle

Corvus monedula

3er-Check

1 Grauschwarz

2 Grauer Nacken, helles Auge

3 Relativ kleiner Schnabel

Merkmale: Nur knapp so groß wie eine Taube. Im Flug mit etwas schnelleren Flügelschläge als Raben- und Saatkrähe. Männchen und Weibchen sind gleich gefärbt.

Stimme: Rufe sind kurz und scharf wie »kia« oder »kjack«, auch manchmal rauer und schwätzend im Schwarm, meist sofort von Krähenrufen zu unterscheiden.

Vorkommen: Jahresvogel. Brütet in Kolonien in unmittelbarer Nähe des Menschen auf alten hohen Gebäuden, Steinbrüchen oder Felswänden, aber auch in alten Bäumen mit Höhlungen, manchmal auch in Wäldern. Fehlt in der Regel im Hochgebirge (vgl. Alpendohle!). Im Winter erscheinen Vögel aus dem Osten und Norden oft in großen Schwärmen mit Saatkrähen in und um Städten, aber auch im offenen Kulturland.

Lebensweise: Die Nahrung besteht im Sommer vor allem aus wirbellosen Kleintieren, vor allem Insekten, Spinnen, Würmer; Pflanzennahrung spielt zu allen Jahreszeiten eine Rolle. Die Nester stehen in der Regel in Kolonien und werden in Mauerlöchern, Felsspalten oder Baumhöhlen angelegt.

J	F	M	A	M	J	J	A	S	O	N	D

Elster *Pica pica*

1

2

1 Aus der Entfernung schwarz-weiß

2 Langer Schwanz

2er-Check

Merkmale: Einer der auffälligsten Vögel in Mitteleuropa. Der lange dunkle Schwanz schillert bei günstigem Lichteinfall grünlich, die dunklen Flügelfedern glänzen metallisch blau. Männchen und Weibchen sind gleich gefärbt.

Stimme: Am häufigsten hört man ein heiseres anhaltendes Schäckern im Stakkato wie »tschäcktschäcktschäck...«, daneben auch Einzelrufe, wie kurz »tschi-uk« und »kijak« oder nasale Laute.

Vorkommen: Verbreiteter Jahresvogel im Kulturland. Brütet in Feldgehölzen, Alleen und hohen Hecken, auch in frei stehenden Einzelbäumen. Ist neuerdings wahrscheinlich wegen des Nistplatzmangels in der Agrarlandschaft in Dörfer und Vorstädte eingewandert und auch zum Gartenvogel geworden.

Lebensweise: Die Nahrung besteht im Sommerhalbjahr vor allem aus Boden bewohnenden Kleintieren und ist im Winter vorwiegend pflanzlich. Zu allen Zeiten werden Aas und Abfälle genommen. Die Wirkung als Nesträuber bei Singvögeln wird wohl meistens überschätzt. Die mächtigen Nester in Bäumen und hohen Büschen haben ein Dach aus Ästen und Zweigen.

J	F	M	A	M	J	J	A	S	O	N	D

Eichelhäher

Garrulus glandarius

1

2

3

3er-Check

1 Buntes Gefieder

2 Blaues Flügelfeld mit feiner schwarzer Querbänderung

3 Weißer Bürzel, dunkler Schwanz

Merkmale: Deutlich kleiner als Raben- oder Saatkrähe. An der bunten Färbung leicht zu erkennen. Der weiße Bürzel ist beim Abflug im dichten Wald ein wichtiges Kennzeichen. Männchen und Weibchen gleich gefärbt.

Stimme: Am häufigsten hört man ein heiseres lautes Rätschen wie »kschrää«, das bei Erregung auch öfter wiederholt wird. Typisch ist auch ein hohes »pijäh«, wie der Ruf des Mäusebussards.

Vorkommen: Häufiger Brut- und Jahresvogel in Laub- und Mischwäldern und in größeren Gehölzen und Parks. Kein eigentlicher Gartenvogel.

Lebensweise: Pflanzliche Nahrung überwiegt, im Herbst spielen Haselnüsse, Bucheckern und Eicheln eine wichtige Rolle. Eicheln werden auch im Kropf transportiert und als Wintervorrat vergraben. Dadurch spielt der Vogel für die Verbreitung der Eiche eine wichtige Rolle. Die Rolle als Nesträuber wird meist übertrieben. Im Wald sind Eichelhäher oft scheu und können sich gut im Kronendach verbergen. Im Herbst kann man sie auch bei ihren unregelmäßigen Wanderungen über freiem Gelände sehen.

J	F	M	A	M	J	J	A	S	O	N	D

Tannenhäher *Nucifraga caryocatactes*

3er-Check

1. Gefieder dunkel, mit feinen weißen Flecken übersät
2. Langer kräftiger Schnabel
3. Im Flug kurzer weiß gesäumter Schwanz

Merkmale: Etwa so groß wie Eichelhäher, aber kurzschwänziger; flacher Kopf und langer Schnabel. Flug ähnlich Eichelhäher mit hastigen, ein wenig unregelmäßig wirkenden Schlägen der runden Flügel. Männchen und Weibchen sind gleich gefärbt.

Stimme: Typischer Ruf ist ein langgezogen, rollendes »krrrää«, höher als Krähenrufe und nicht so kreischend wie Eichelhäher.

Vorkommen: Brutvogel in Nadelwäldern hoher Mittelgebirge und der Alpen, im Tiefland nur ausnahmsweise, aber mitunter im Winter als Gast aus den Gebirgswäldern oder auch aus Osteuropa und Sibirien.

Lebensweise: Zur Brutzeit in den Wäldern sehr versteckt und auch scheu. Im Sommer besteht die Nahrung aus Insekten und deren Larven. Ab Spätsommer tragen die Vögel Haselnüsse und Zirbelnüsse im Kehlsack in Winterverstecke im Boden, die selbst unter eine Schneedecke wieder gefunden werden können. Bei den Sammelflügen kann man sie häufig auch über Ortschaften sehen und in Gärten an Haselnusssträuchern. Die Nester werden gut versteckt in Nadelbäumen angelegt.

J	F	M	A	M	J	J	A	S	O	N	D

Pyrrhocorax graculus Alpendohle

3er-Check

1. Gefieder schwarz
2. Schlanker Schnabel gelb
3. Füße rot

Merkmale: Kleiner als Krähe, etwa so groß wie Dohle. Im Flugbild längerer Schwanz und schlankerer Kopf als Dohle. Männchen und Weibchen sind gleich gefärbt. Jungvögel haben dunkle Füße und oft eine schwarze Schnabelspitze.

Stimme: Weit zu hören hoch »zirrr« oder durchdringend pfeifen »ziieh«, auch mit durchklingendem »r« wie »zrieh« oder »krrüh«.

Vorkommen: Brütet hoch im Gebirge in der Felsstufe. Ist das ganz Jahr über in Schwärmen um Gipfelstationen oder viel benutzten Schihütten, im Winter aber auch im Tal inmitten von Dörfern.

Lebensweise: Auf viel begangenen oder belebten Berggipfeln sind Alpendohlen ausgesprochen futterzahm und kommen oft auf Meternähe heran und lassen sich füttern. Sie leben im Sommer vorwiegend von Insekten; das ganze Jahr über von Abfällen, im Herbst auch von Früchten. Fütterung scheint auf Gipfeln eine große Rolle zu spielen. Das Nest wird in Felshöhlen und -spalten angelegt. Strömungsverhältnisse an Steilwänden und Hängen werden zu kunstvollem Gleitflug genutzt; die Vögel können auch in hohem Tempo in die Tiefe stürzen.

J	F	M	A	M	J	J	A	S	O	N	D

Haussperling *Passer domesticus* RL V

1

2

3

3er-Check

1. Grau, oberseits braun gemustert
2. Männchen schwarzer Kehllatz, braunes Nackenband
3. Weibchen graubraun, Oberseite dunkler

Merkmale: Kräftiger und gedrungener Singvogel. Männchen können aus der Nähe überraschend bunt wirken. Jungvögel sehen wie Weibchen aus.

Stimme: Schilpende Rufe, die recht vielseitig variiert werden können. Männchen balzen mit langen Reihen unterschiedlicher Schilptöne wie »tschilp tschef tschilp...« usw., auch sonst sind oft einzelne Schilprufe zu hören.

Vorkommen: Häufiger und verbreiteter Jahres- und Brutvogel so gut wie ausschließlich in Dörfern und Städten oder mindestens an einzelstehenden Häusern. Hat aber inmitten großer Städte in letzter Zeit stark abgenommen und ist teilweise dort verschwunden.

Lebensweise: Das ganz Jahr über leben Haussperlinge gesellig. Die Nester werden in Mauerlöchern, auf Dachbalken, unter Dachziegeln und in anderen Gebäudenischen angelegt, stehen manchmal als kugelige Nester auch auf Bäumen. Die Nahrung besteht hauptsächlich aus Sämereien (vor allem Gräser und Getreide), aus grünen Pflanzenteilen und Knospen, aber auch aus Haushaltsabfällen; im Frühjahr und Frühsommer Insekten.

J	F	M	A	M	J	J	A	S	O	N	D

RL V *Passer montanus*

Feldsperling

3er-Check

1. Oberseite braun, Geschlechter gleich
2. Rotbrauner Oberkopf
3. Wangen und Halsband weiß, schwarzer Fleck

Merkmale: Kleiner als Haussperling und insgesamt auffälliger und »sauberer« gezeichnet. Männchen und Weibchen sind gleich gefärbt. Bei Jungvögeln sind die Wangen grau und auch das weiße Halsband fehlt.

Stimme: Die Rufe sind weicher als bei Haussperling und klingen auch gedämpfter. Typisch ist ein weiches, etwas nasales »tsuwitt«. Im Flug hört man kurze »tett ett ett...«. Gesang besteht aus einzelnen relativ hohen Rufen wie »tswitt«.

Vorkommen: Brut- und Jahresvogel in Gehölzen nahe Dörfern, Höfen und landwirtschaftlichen Nutzflächen, auch in Dorfgärten. In Mitteleuropa kein Stadtvogel wie z.B. in Ostasien. Fehlt auch vielfach in Gebirgen und waldreichen Gebieten.

Lebensweise: Auch Feldsperlinge leben fast immer gesellig und suchen vor allem außerhalb der Brutzeit z.B. Gruppenschlafplätze in Bäumen und Hecken auf. Die Nester werden in Baumhöhlen, Mauerlöchern und in Nistkästen angelegt. Manchmal brüten Feldsperlinge auch in Erdhöhlen von Uferschwalben. Die Nahrung besteht aus Sämereien, bei Jungvögeln aus Insekten.

J	F	M	A	M	J	J	A	S	O	N	D

Buchfink *Fringilla coelebs*

3er-Check

1 Männchen unterseits braunrot, blaugrauer Kopf mit rötlichen Backen

2 Weibchen unscheinbar bräunlich

3 Stets Weiß im Flügel

Merkmale: Größe etwa wie Hausperling, aber schlanker und mit längerem Schwanz. Weibchen ähnlich Haussperling, wichtige Kennzeichen sind aber weiße Flügelabzeichen, weiße Schwanzkanten und graugrüner Bürzel.

Stimme: Unter vielen Rufen ist am häufigsten ein scharfes und helles »pink«; Flugrufe sind leise »jüpp« (deutlich weicher und leiser als Grünfink). Im Sommer hört man einen Pfiff wie »hüt«, »hüit« oder »rrrü«. Der Gesang besteht aus der Wiederholung einer lauten, rhythmischen und abfallenden Strophe (»Finkenschlag«) wie »zitt zitt zitt zitt zizizizizi ziterida«.

Vorkommen: Einer der verbreitetsten Brutvögel Deutschlands, kommt fast überall vor, wo einige Bäume stehen. Im Winter meist etwas seltener, da ein Teil der Vögel nach West- und Südwesteuropa zieht. Kommt auch an Futterstellen.

Lebensweise: Die Nahrung besteht im Winterhalbjahr fast nur aus Sämereien, im Sommer hauptsächlich aus Insekten. Die sorgfältig gebauten Nester stehen hoch in Bäumen, meist gut getarnt in einer Astgabel.

J	F	M	A	M	J	J	A	S	O	N	D

Bergfink

Fringilla montifringilla

3er-Check

1. Brust, Schulter und Flügelbinde orangefarben
2. Kopf grau bis schwarz
3. Bürzel weiß

Merkmale: Größe und Gestalt wie Buchfink. Weibchen mit dunkel graubraunem Kopf und manchmal ähnlich einem Buchfinkenweibchen (auf orangefarbene Brust achten!). Bei Männchen im Schlichtkleid ist der schwarze Kopf durch viele kleine helle Federsäume teilweise verdeckt; erst im Frühjahr ist er rein schwarz.

Stimme: Typischer Ruf ist ein laut quäkendes, etwas nasales »tääp«. Im Flug und auf dem Zug hört man kurz und nasal »jäck«, härter als der Flugruf des Buchfinken. Gesang leise beginnend und dann weit hörbar fast ratternd »rrrrüh«.

Vorkommen: Häufiger Brutvogel in Nordeuropa. In Mitteleuropa regelmäßiger Wintergast, in Wintern mit guter Buchenmast mitunter in riesigen Schwärmen in Buchenwäldern und an Wegen und Straßen mit Bucheckern. Kommt vor allem in harten Wintern auch in Gärten und ans Futterhaus.

Lebensweise: Die Nahrung besteht im Sommer überwiegend aus Insekten, im Winterhalbjahr aus Samen. Eine große Rolle spielen Bucheckern. Bei uns meist in kleineren und manchmal auch in sehr großen Schwärmen.

J	F	M	A	M	J	J	A	S	O	N	D

Erlenzeisig *Carduelis spinus*

3er-Check

1. Grünlich, gelbliche Flügelbinde
2. Männchen mit schwarzer Kopfkappe
3. Weibchen Unterseite gestrichelt

Merkmale: Klein und zierlich, etwas so groß wie Blaumeise. Schwanz am Ende deutlich eingekerbt; Jungvögel kräftig gestrichelt, Rücken bräunlich überflogen, Kopf recht blass.

Stimme: Typisch ist ein etwas klagender Ruf, ein- bis zweisilbig und abfallend wie »deäh«, manchmal auch aufsteigende Rufsilben. Beim Abfliegen kurz »tet«, auch gereiht »tetetet«. Der zwitschernde und trillernde Gesang wird rasch vorgetragen, er enthält auch lang gezogene nasal quäkende Laute.

Vorkommen: Brutvogel vor allem in Fichtenwäldern und Mischwäldern mit Fichten, bei der Nahrungssuche gern auf Birken und Erlen. Während der Brutzeit recht heimlich und unauffällig. Im Herbst und Winter Einflüge aus Nord- und Osteuropa und dann auch in Parks und Gärten, sogar auch am Futterhaus.

Lebensweise: Erlenzeisige turnen bei der Nahrungssuche geschickt an dünnen Baumzweigen, vor allem an Erlen und Birken, aber im Herbst auch an Samen tragenden Stauden. Die Nahrung besteht fast ausschließlich aus Sämereien, auch die Nestlinge werden mit aufgeweichten Samen gefüttert.

J	F	M	A	M	J	J	A	S	O	N	D

Carduelis carduelis **Stieglitz**

3er-Check

1 Schlank, bunt

2 Auffallendes gelbes Flügelband

3 Gesicht rot, Kopf weiß und schwarz

Merkmale: Schlank, kleiner als Haussperling. Männchen und Weibchen sind gleich gefärbt. Jungvögel haben einen graubraunen Kopf ohne auffällige Zeichnung.

Stimme: Namengebend ist der dreisilbige, fröhlich klingende ruf »tickelitt«; manchmal auch nur zweisilbig zu hören. In Schärmen auch kratzende »tchree«. Der schnell vorgetragene Gesang ist nicht laut, ähnlich Erlenzeisig auch mit eingestreuten gedehnten Lauten, dazwischen ist aber immer auch der kennzeichnende Ruf zu hören.

Vorkommen: Häufiger Brutvogel in lichten Wäldern, Gehölzen, Dörfern und Gärten, oft auch in der unmittelbaren Umgebung der Häuser. Nach der Brutzeit auch in Schwärmen an Samen tragenden Stauden an Wegrändern oder auf verwilderten Flächen. Im Winter seltener, da die meisten nach West- und Südeuropa wegziehen.

Lebensweise: Die Nahrung besteht aus Samen der verschiedensten Pflanzen, Disteln spielen eine wichtige Rolle; Insektennahrung ist unbedeutend. Die Nester stehen auf Bäumen meist in den äußersten Zweigen im Laubwerk gut versteckt. Die Jungen werden nach dem Ausfliegen von den Altvögeln noch einige Zeit gefüttert.

J	F	M	A	M	J	J	A	S	O	N	D

Birkenzeisig *Carduelis flammea*

3er-Check

1. Oberseite dunkel gestreift, undeutliche helle Flügelbinde
2. Vorderscheitel rot
3. Männchen mit roter Brust

Merkmale: Größe wie Erlenzeisig, Schwanz geringfügig länger. Brutvögel in Mitteleuropa etwas dunkler als Nordeuropäer. Weibchen und Jungvögel ohne Rot an der Brust.

Stimme: Ruf klingt hart »tschett-tschett-tschett...« häufig im Flug zu hören. Gesang setzt sich ebenfalls aus solchen Rufen zusammen und enthält ein rollendes »tschrrrrr«; er wird meist in einem wellenförmigen Singflug vorgetragen.

Vorkommen: Brutvogel in den Alpen nahe der Baumgrenze. In manchen Gebieten Mitteleuropas jetzt auch Brutvogel in Gärten, Anlagen oder Friedhöfen. Bestand nimmt offenbar zu. Im Winter Einflüge aus Norden, manchmal fast invasionsartig. Mitteleuropäische Brutvögel ziehen im Herbst teilweise nach Westeuropa weg.

Lebensweise: Die Nahrung besteht aus kleinen Sämereien, vor allem von Bäumen (Birke, Lärche, Pappel); im Sommerhalbjahr auch kleine Insekten. Die Vögel können meisenartig an feinen Zweigen herumturnen. Im Winter sieht man sie häufig in Schwärmen. Die Nester sind meist in Nadelbäumen versteckt, in Gärten auch in Zierkoniferen und Sträuchern.

J	F	M	A	M	J	J	A	S	O	N	D

RL V

Carduelis cannabina **Bluthänfling**

1

2

3

3er-Check

1 Schlank, Rücken zimtbraun

2 Männchen roter Vorderscheitel und rote Brust

3 Weibchen Kopf braungrau, ohne Rot

Merkmale: Größe etwa wie Stieglitz, schlank und relativ langschwänzig. Jungvögel sind stärker gestreift und auf der Oberseite weniger deutlich zimtbraun als Weibchen.

Stimme: Die vor allem beim Abflug häufig zu hörenden Rufe klingen wie »gegege« oder schärfer wie »djek djek...«. Der Gesang besteht auf solchen kurzen Stakkatolauten und enthält dazwischen aber auch schöne klangreine Pfeiflaute. Er wird in flottem Tempo vorgetragen.

Vorkommen: Nicht seltener Brutvogel in weithin offenen Landschaften mit Hecken und dichten Büschen, auch in Heideflächen, an Dorfrändern und in Gärten. Vorwiegend im Tiefland; in Waldgebieten und Gebirgen selten oder fehlend. Im Winter seltener, da ein Teil der Vögel im Herbst nach Westeuropa zieht.

Lebensweise: Die Sämereien werden im Vergleich zu den Zeisigen weniger an Bäumen als mehr an Stauden und Kräutern gesucht; Insektennahrung spielt eine geringe Rolle. Die Nester stehen in dichten Hecken und Büschen von Laub- und Nadelhölzern, auch in Ziersträuchern und Kletterpflanzen.

J	F	M	A	M	J	J	A	S	O	N	D

Girlitz *Serinus serinus*

3er-Check

1. Klein, rundlich, gestrichelt
2. Kurzer Schnabel
3. Männchen Kopf und Brust gelb

Merkmale: Größe wie Blaumeise, Schwanz jedoch kürzer und am Ende deutlich eingeschnitten. Kleinster einheimischer Finkenvogel mit relativ dickem Kopf. Weibchen an Kopf und Brust höchstens gelblich weiß, Bürzel bei beiden Geschlechtern gelbgrün. Jungvögel gestrichelt und kein Gelb im Gefieder.

Stimme: Der Ruf war namensgebend, hoch »girlitt« oder »zirr r r r«. Der Gesang besteht aus quietschenden, scharfen und etwas klingelnden Tönen, die in hohem Tempo vorgetragen werden. Das Männchen führt dabei oft einen Singflug mit langsamen Flügelschlägen aus.

Vorkommen: Verbreiteter, aber meist nicht sehr häufiger Brut- und Sommervogel in Gärten, Parks und Friedhöfen, auch an Waldrändern oder in Alleen. Die meisten überwintern in Südwesteuropa, nur wenige sind in den Wintermonaten in Mitteleuropa.

Lebensweise: Die Nahrung besteht aus grünen Pflanzenteilen und Sämereien, die von Kräutern, Stauden, Büschen und Bäumen stammen. Insektennahrung ist unbedeutend. Die Nester stehen auf Bäumen, in Sträuchern oder auch in Rankenpflanzen.

J	F	M	A	M	J	J	A	S	O	N	D

Gimpel

Pyrrhula pyrrhula

3er-Check

1. Dunkle Kopfplatte, kurzer dicker Schnabel (hier Weibchen)
2. Weißer Bürzel
3. Männchen unterseits rot

Merkmale: Deutlich größer als Haussperling, wirkt kompakt und halslos. Jungvögel mit graubraunem Kopf ohne dunkle Kappe.

Stimme: Der am häufigsten zu hörende Ruf ist ein klagendes, kurz gepfiffenes »kjü« oder »dü«. Kurze Rufe, wie »büt bütt bütt« hört man oft vor dem Auffliegen. Gesang ist leise und besteht aus weichen, zögernd vorgetragenen Tönen, die z. T. an die Rufe erinnern, zwischen die auch quietschende und kratzende Laute eingestreut sind. Aus Entfernung hört man oft nur Bruchstücke.

Vorkommen: Häufiger Brut- und Jahresvogel in Nadel- und Mischwäldern, Parks, Friedhöfen und größeren Gärten. Im Sommer meist sehr heimlich und nicht leicht zu sehen, im Winter viel auffälliger. Kommt an Futterstellen.

Lebensweise: Die Nahrung besteht aus Knospen und Samen, grünen Pflanzenteilen und Beeren. Im Frühjahr können sich Gimpel an Obstbaumknospen unliebsam bemerkbar machen. Die Nester stehen gut versteckt meist in Nadelbäumen, im Kulturland aber auch in Hecken und Büschen. Viele Paare scheinen ein Leben lang zusammenzuhalten.

J	F	M	A	M	J	J	A	S	O	N	D

Fichtenkreuzschnabel *Loxia curvirostra*

2 1

3er-Check

1 Dicker Kopf und Nacken (hier Weibchen)

2 Dicker Schnabel, Spitzen überkreuzt

3 Männchen rot

3

Merkmale: Deutlich größer als Haussperling. Weibchen graugrün oder matt gelbgrün, Unterseite ungestreift, Bürzel hell gelblichgrün. Jungvögel grau mit deutlich gestreifter Unterseite.

Stimme: Rufe sind laut und klingen fast metallisch wie »gip gip...« und werden oft in schneller Folge wiederholt. Der Gesang besteht aus Trillern und zwitschernden Lauten.

Vorkommen: Brutvogel in Nadelwäldern, auch gelegentlich in großen Parkanlagen und Gärten mit Nadelbäumen. Das ganze Jahr über in Mitteleuropa, doch in einzelnen Gebieten immer wieder für einige Monate oder längere Zeit verschwunden. Vor allem im nördlichen Europa auch invasionsartige Einflüge und dann für kurze Zeit recht häufig.

Lebensweise: Die Hauptnahrung bilden Samen von Nadelbäumen, vor allem der Fichte. Das Vorkommen in einer Gegend ist daher großenteils vom Zapfenangebot abhängig. Die Vögel streifen wie Nomaden umher. Das Nest steht meist hoch in einer Fichte. Das ganze Jahr über sind Bruten möglich. Die Jungen werden von den Altvögeln nach dem Ausfliegen noch längere Zeit betreut.

J	F	M	A	M	J	J	A	S	O	N	D

RL R *Carpodacus erythrinus*

Karmingimpel

1

2

3

3er-Check

1 Männchen Kopf, Brust und Bürzel rot

2 Kräftiger Kegelschnabel

3 Weibchen und junge Männchen olivbraun, gemustert

Merkmale: Größe wie Haussperling, doch etwas schlanker. Relativ langer Schwanz im Vergleich zu Gimpel. Im zweiten Kalenderjahr sind Männchen meist noch wie Weibchen gefärbt, einige haben bereits rote Federn.

Stimme: Der Ruf ist ein ansteigender Pfiff, etwa »wüih«, meist mit weichem Klang. Sehr auffällig ist der Gesang, der aber nur kurze Zeit im Mai/Juni zu hören ist. Er besteht aus einer weichen, rhythmisch gegliederten Pfeifstrophe wie »Widje wüi widjah«.

Vorkommen: Erst in neuester Zeit in viele Gebiete Mitteleuropas von Osten eingewandert und noch weiter nach Westen sich ausbreitend. Sommer- und Brutvogel in buschreichen Gebieten, gern an feuchten Stellen und in Auwäldern, aber auch im Gebüsch an Feldrändern. Die Winterquartiere liegen in Indien und wahrscheinlich auch im mittleren Osten.

Lebensweise: Die Nahrung besteht überwiegend aus Samen, Knospen und frischem Grün; den Jungen werden Insekten gefüttert. Weibchenfarbige junge Männchen singen und brüten bereits. Die Nester stehen meist niedrig in Büschen oder jungen Bäumen.

J	F	M	A	M	J	J	A	S	O	N	D

Grünfink *Carduelis chloris*

3er-Check

1. Hoher, heller Kegelschnabel; Männchen überwiegend grün
2. Gelber bis gelbgrüner Unterrand am Flügel
3. Weibchen unscheinbar graugrün

Merkmale: Größe etwa wie Haussperling, dicker Kopf. Jungvögel sind auf der Unterseite und auf dem Rücken undeutlich gestreift.

Stimme: Der am häufigsten zu hörende Ruf ist kurz »gück« oder »küp«, oft gereiht und fast wie ein Triller »gügükgük...«; daneben auch mehr pfeifend und ansteigend »djui«. Der Gesang ähnelt einem Kanarienvogel mit schnellen Trillern und Pfiffen und wird oft in einem fledermausartigen Singflug vorgetragen. Daneben noch ein vibrierendes etwas geräuschhaftes »dschrrrüüüih« oder »queeiinnsch«. Junge betteln in langen Reihen »djil djil djil...«.

Vorkommen: Sehr häufiger und verbreiteter Jahresvogel an Waldrändern, in Gehölzen, Parks und Gärten, auch mitten in Dörfern oder Städten häufig. Ist auch regelmäßiger Gast am Futterhaus.

Lebensweise: Die Nahrung besteht je nach Jahreszeit hauptsächlich aus Knospen, Blüten, Sämereien und Beeren. Die Nester stehen in Bäumen und Sträuchern, in Siedlungen und Gärten auch oft in Rankenpflanzen an der Hauswand. Die ausgeflogenen Jungen werden von den Altvögeln noch etwa 2 Wochen geführt; das Bettelrufen junger Grünlinge ist weithin zu hören.

J	F	M	A	M	J	J	A	S	O	N	D

Kernbeißer

Coccothraustes coccothraustes

3er-Check

1. Gedrungen, großköpfig, kurzschwänzig
2. Mächtiger Kegelschnabel
3. Helle Flügelbinde

Merkmale: Deutlich größer als Gimpel, fast starengroß. Männchen und Weibchen sind im Freien kaum zu unterscheiden (Weibchen haben heller gesäumte Flügelfedern). Im Prachtkleid Schnabel grauschwarz mit blauer Basis, im Schlichtkleid hornfarben oder blass gelbbraun.

Stimme: Die Rufe sind hart und durchdringen wie »kix«, deutlich härter und explosiver als das Schnickern der Rotkehlchen; sie sind auch im Flug zu hören. Daneben »zrri« und »zih«-Laute, die auch im Wesentlichen den bescheidenen und nicht lauten Gesang zusammensetzen.

Vorkommen: Jahres- und Brutvogel in Laub- und Mischwäldern mit hohen alten Bäumen, auch in Parks und großen Obstgärten. Kommt auch an Futterhäuser.

Lebensweise: Im Sommer zählen auch Insekten zur Nahrung, sonst vor allem Sämereien und Knospen. Mit dem mächtigen Schnabel können auch die hartschaligen Samen von Steinobst aufgeknackt werden (z. B. von Kirschen). Die Nester stehen meist hoch in Bäumen nahe am Stamm.

J	F	M	A	M	J	J	A	S	O	N	D

Goldammer *Emberiza citrinella*

3er-Check

1. Relativ langschwänzig, Oberseite dunkel gestreift
2. Rotbrauner Bürzel
3. Männchen mit leuchtend gelbem Kopf

Merkmale: Schlanker als Haussperling, Schnabel relativ klein. Bei Weibchen und Männchen im Schlichtkleid ist das Gelb am Kopf meist nur angedeutet und die dunkle Streifung auf der Unterseite kräftiger.

Stimme: Rufe (vor allem beim Abfliegen) klingen wie »z(ü)rrl«, »zick-z(ü)rrl« oder fast stimmlos »tssrrp«; oft hört man auch einzelne scharfe »zick« oder gedehnte »zieh«. Im Gesang wird eine schnelle Folge kurzer Töne auf etwa gleicher Höhe mit einem tieferen, gedehnten Laut abgeschlossen, wie »tsi tsi tsi tsi tsi tsi zieh« oder auch »tsi tsi tsi tsi tsi zi-züh«.

Vorkommen: Häufiger Jahres- und Brutvogel in Feld- und Gebüschlandschaften, auch am Waldrand und auf Waldlichtungen. Im Winter insgesamt etwas seltener, da ein Teil der Vögel nach Westen wegzieht.

Lebensweise: Sämereien und im Sommer auch Insekten werden meist vom Boden aufgenommen. Die Männchen singen oft auf Leitungsdrähten oder anderen exponierten Warten. Die Nester stehen auf dem Boden in der Vegetation versteckt.

J	F	M	A	M	J	J	A	S	O	N	D

Rohrammer

Emberiza schoeniclus

3er-Check

1. Oberseite braun, kräftig dunkel gestreift
2. Männchen mit schwarzem Kopf und weißem Halsband
3. Weibchen brauner Kopf mit hellem Bartstreif

Merkmale: Kleiner als Haussperling. Männchen im Schlichtkleid (ab Spätsommer und Herbst) gleichen in der Kopfzeichnung den Weibchen.

Stimme: Der am häufigstem zu hörende Ruf ist ein hohes, abwärts gezogenes »ziih«, auch manchmal mit geräuschhaftem Anschlag. Der Gesang wird etwas zögernd, manchmal fast stotternd vorgetragen und ist ganz verschieden zusammen gesetzt, aber an der Klangfarbe arttypisch, etwa »sripp sripp sria sisisisrr«.

Vorkommen: Nicht seltener Brutvogel in Schilfgebieten, in hohen Binsen, auch in Stauden und im Gebüsch in Feuchtgebieten und an Rändern von Binnengewässern. Im Winter nur wenige in milderen Gebieten. Hauptwinterquartiere liegen im Mittelmeergebiet.

Lebensweise: Rohrammern sitzen meist nicht seitlich an Halmen wie Rohrsänger. Insekten werden meist von Pflanzen abgelesen; ab Spätsommer bilden reifende Samen einen wesentlichen Teil der Nahrung. Die Nester stehen in dichter Vegetation und sind meist durch überhängende Blätter und Halme nach oben verdeckt.

J	F	M	A	M	J	J	A	S	O	N	D

Grauammer *Miliaria calandra* RL 2

3er-Check

1. Kräftige Gestalt; graubraun, mit dunklen Strichen oben und unten
2. Schwanz ohne weiße Federn
3. Helle Beine

Merkmale: Deutlich größer als Haussperling, kräftiger Schnabel. Männchen und Weibchen sind gleich gefärbt.

Stimme: Die Rufe sind wenig auffällig, doch sehr typisch, z.B. kurz und hart »tsritt« oder »bit« oder auch fast stimmlos »bt« und können zu schnellen Reihen kombiniert werden. Der Gesang ist ebenfalls sehr arttypisch und leicht zu erkennen mit zögerndem Beginn und rasselndem Ende, wie »tück tück zik zik zkrkzzrisssisss«.

Vorkommen: Brütet in überwiegend extensiv genutzten Agrarlandschaften mit Büschen, Hecken und Gehölzen, vor allem an Grünland, großen Ackerflächen, aber auch Heideflächen. In Mitteleuropa in vielen Gebiet stark zurückgegangen und heute fehlend. Ein Teil der Vögel zieht nach Südwesten ab.

Lebensweise: Die Männchen benützen erhöhte Singwarten, wie Büsche, Zaunpfähle oder Leitungen. In der Nahrung spielen im Sommer Insekten, sonst vor allem Wildkräutersamen eine entscheidende Rolle. Oft bilden sich keine fest zusammenhaltenden Paare. Die Nester stehen nahe am Boden in der Vegetation gut versteckt.

J	F	M	A	M	J	J	A	S	O	N	D

RL V *Alcedo atthis*

Eisvogel

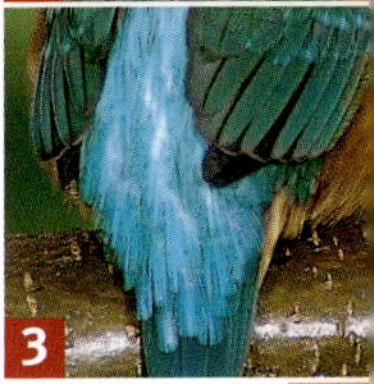

3er-Check

1. Gedrungen, kurzschwänzig, kurzbeinig; langer spitzer Schnabel
2. Weißer Halsfleck
3. Rücken und Bürzel leuchtend blau und am hellsten

Merkmale: Nur etwas größer als Haussperling. Männchen und Weibchen sind im Gefieder gleich gefärbt, beim Weibchen ist die Basis des Unterschnabels rötlich, beim Männchen wie der übrige Schnabel dunkelgrau bis schwarz.

Stimme: Der typische Ruf ist ein kurzes, scharfes »zii«, manchmal auch zweisilbig und bei Erregung in Reihen.

Vorkommen: Brutvogel an Bächen und nicht zu schnell fließenden Flüssen mit Steilufern für die Nestanlage. Außerhalb der Brutzeit und vor allem im Winter auch weitab von Brutplätzen an Flüssen Seen und Teichen, selbst mitten in der Stadt. Fast überall sehr gefährdet und Brutbestände gering.

Lebensweise: Eisvögel erbeuten kleine Fischchen im Fangstoß von einer Sitzwarte über Wasser. Normalerweise fliegen sie in raschem Flügelschlag geradlinig niedrig über dem Wasser. Im Schatten von überhängenden Büschen sind die trotz bunter Farben nicht leicht zu entdecken. Die Nester befinden sich in einer selbst gegrabenen über einen halben Meter langen Erdhöhle, die meist nahe am Wasser mehr oder minder horizontal in einen Steilhang führt.

J	F	M	A	M	J	J	A	S	O	N	D

Pirol *Oriolus oriolus*

RL V

3er-Check

1. Männchen leuchtend gelb, Flügel schwarz
2. Weibchen oberseits grünlich, unterseits fein gestrichelt
3. Kräftiger Schnabel rötlich

Merkmale: Etwa so groß wie eine Amsel. Männchen sind im zweiten Kalenderjahr wie Weibchen oberseits grünlich bis gelblich und unterseits gestrichelt; manche Weibchen sind dagegen ausgefärbten Männchen recht ähnlich. Jungvögel sind oberseits grün.

Stimme: Zwei ganz unterschiedliche Rufe sind zu hören, am häufigsten ein raues und heiseres »wjääehk« (gedämpfter und gepresster als Eichelhäher) und ferner ein rasches »gigigigi«. Der Gesang hat dem Vogel seinen Namen gegeben, die Strophe klingt wie »didlio« oder »fo flühoh« (daher auch »Vogel Bülow«).

Vorkommen: Nicht seltener Brut- und Sommervogel in hochstämmigen Laubwäldern, in Auwäldern und auch in großen Parks; nur im Tiefland, fehlt in Bergwäldern. Die Winterquartiere liegen im tropischen Afrika.

Lebensweise: Pirole halten sich meist hoch im Kronendach und sind daher nicht leicht zu sehen. Sie leben von Insekten und ab Hochsommer auch von Früchten (z.B. Kirschen). Das Nest wird meist hoch in Bäumen kunstvoll in einer Astgabel geflochten, so dass es sicher aufgehängt ist.

J	F	M	A	M	J	J	A	S	O	N	D

RL 3 *Jynx torquilla* **Wendehals**

3er-Check

1. Schlank, Oberseite wie Baumrinde gefärbt und gezeichnet
2. Spitzer Schnabel
3. Dunkler Streifen durch das Auge und den Hals entlang

Merkmale: Etwas größer als Kleiber, aber schlank und länglicher Schwanz. Männchen und Weibchen sind gleich gefärbt.

Stimme: Der sehr charakteristische Gesang besteht als längern Strophen mit quäkenden Lauten, die etwa 15-mal wiederholt werden wie »gjä gjä gjä gjä...«. Rufe sind wenig zu hören, z.B. harte »teck« bei Gefahr und ein Zischen bei Störungen an der Bruthöhle.

Vorkommen: Brut- und Sommervogel in Gehölzen, lichten Auwäldern oder Obstgärten, auch in Parks und in Laubwäldern. Hat sehr stark abgenommen und ist jetzt in Mitteleuropa selten. Die Winterquartiere liegen in Afrika südlich der Sahara.

Lebensweise: Die Nahrung besteht aus Insekten, unter denen Ameisen und vor allem ihre Larven und Puppen den wichtigsten Teil ausmachen. Junge werden fast ausschließlich damit gefüttert. Die Eier werden in Höhlen gelegt, entweder auf den nackten Höhlenboden oder auch auf das Nistmaterial eines Vorbesitzers (z.B. Meisen). Da keine Höhlen gezimmert werden, spielen Nistkästen (vor allem in Obstbaumbeständen) eine wichtige Rolle, doch haben auch Nistkästen den Rückgang nicht aufhalten können.

J	F	M	A	M	J	J	A	S	O	N	D

Neuntöter *Lanius collurio*

3er-Check

1. Rücken braun bis rotbraun; sitzt aufrecht
2. Männchen Kopf grau und schwarze Augenmaske
3. Weibchen braun, unterseits heller

Merkmale: Größer als Haussperling, relativ langschwänzig. Jungvögel sind wie Weibchen gefärbt, doch oberseits kräftig quergebändert.

Stimme: Nasale, heisere »wäw« sind als Warnrufe zu hören, auch schnalzende »tschäk« bei Beunruhigung. Fällt aber stimmlich sonst wenig auf. Der Gesang ist leise und selten zu hören und besteht aus rauen knirschenden Lauten.

Vorkommen: Sommer- und Brutvogel in offenen Hecken- und Buschlandschaften, vor allem im Dorngebüsch, auch auf buschbestandenen Kahlschlägen im Wald. Die Winterquartiere liegen in Ost- und Südafrika.

Lebensweise: Die Nahrung besteht hauptsächlich aus größeren Insekten (z.B. Käfer, Heuschrecken, Grillen), mitunter werden auch Kleinsäuger und ausnahmsweise Jungvögel erbeutet. Größere Beutetiere werden auf Dornen oder Stacheln aufgespießt. Die Nester stehen in Büschen, vorzugsweise in Dornbüschen. Nach dem Ausfliegen werden die Jungen noch längere Zeit von den Altvögeln betreut.

J	F	M	A	M	J	J	A	S	O	N	D

RL 1 *Lanius excubitor*

Raubwürger

2er-Check

1 Langschwänzig; hellgrau, weiß, schwarz

2 Schwarze Augenmaske

Merkmale: Viel größer als Neuntöter, langschwänzig. Männchen und Weibchen sind gleich gefärbt. Jungvögel auf der Unterseite fein graubraun gebändert, Augenmaske heller grau.

Stimme: Hohe Trillerlaute wie »triiiih...«, bei Beunruhigung leiser »wääch wääch...« und weitere Laute. Der Gesang besteht aus Strophen leiser metallischer und knirschender Laute, die mit Pausen wiederholt werden; auch ein leises Schwätzen ist zu hören.

Vorkommen: Seltener Brut- und Jahresvogel vor allem auf Heide- und Moorflächen mit Gehölzen und Baumgruppen, auch auf Wiesenflächen. Auch im Winter in offenen Landschaften.

Lebensweise: Die Nahrung besteht aus Insekten, aber auch aus kleinen Wirbeltieren, wie Fröschen, Eidechsen, Kleinvögeln (bis etwa Lerchengröße) und Mäusen, die von einer Warte aus, aber auch aus dem Rüttelflug erbeutet werden. Das breite Nahrungsspektrum erlaubt auch das Überwintern in Mitteleuropa. Die Nahrung wird im Sommer in Nestnähe, aber auch im Winter als Vorrat aufgespießt. Die Nester werden in hohen Büschen, aber auch in Bäumen angelegt.

J	F	M	A	M	J	J	A	S	O	N	D

Wiedehopf *Upupa epops* RL 1

2er-Check

1. Orangebräunlich, schwarzweiße Flügel, langer Schnabel
2. Federhaube, die aufgerichtet werden kann

Merkmale: Größer als Star, kurzbeinig, im Sitzen sehr schlank. Männchen und Weibchen sind gleich gefärbt.

Stimme: Bei Erregung hört man ein hohes kreischendes »schäär« oder tiefer rollen »tschärr«. Der Gesang ist ein meist dreisilbiges »hupupup« (daher lateinischer Gattungsname!), das nicht sehr laut, aber weit zu hören ist.

Vorkommen: In Mitteleuropa sehr seltener Sommer- und Brutvogel in offenen Landschaften; zu den Zugzeiten etwas häufiger zu sehen. In Südeuropa häufiger Brutvogel. Überwintert in Afrika südlich der Sahara.

Lebensweise: Die Nahrung besteht aus größeren Insekten (vor allem Grillen, Maulwurfsgrillen, Käfern) und anderen wirbellosen Tieren; auch kleine Eidechsen werden gefangen. Die Vögel suchen ihre Nahrung auf dem Boden und benötigen daher kurzrasige oder vegetationsarme Flächen. Die Eier werden meist ohne Nistmaterial in Baumhöhlen, Mauerspalten, Felshöhlen, Erdlöchern oder unter Holzstapeln gelegt, auch in große Nistkästen.

J	F	M	A	M	J	J	A	S	O	N	D

RL V

Cuculus canorus **Kuckuck**

1 Schlanker Vogel; langer Schwanz, nicht gekrümmter Schnabel

2 Weibchen oberseits rotbraun

3 Auffällig rufende Jungvögel oft außerhalb des Nestes

3er-Check

Merkmale: Kann wegen der schlanken Flügel mit einem Falken und wegen der quer gebänderten Unterseite mit einem Sperber verwechselt werden, hat aber keinen Hakenschnabel. Beim Sitzen ist der lange Schwanz oft etwas angehoben, die Flügel hängen herab. Jungvögel mit kleinem weißen Nackenfleck.

Stimme: Der Gesang des Männchens meist zweisilbig »gu ko« (1. Silbe betont), dazwischen heiseres »guch-chä chä-chä« (bei Verfolgung). Weibchen lassen hohen, etwas glucksenden Triller hören; Junge rufen durchdringend, etwas unrein »psrieh«.

Vorkommen: Sommervogel vom Wald bis in Heide- und Moorgebieten sowie im offenen Kulturland. Nimmt ab. Winterquartiere liegen im tropischen Afrika.

Lebensweise: Die Nahrung besteht aus Insekten, darunter auch haarigen Raupen. Die Weibchen legen ihre Eier in Nester anderer Vögel, in der Regel Singvögel, die viel kleiner sind. Jedes Weibchen ist auf eine bestimmte Wirtsvogelart spezialisiert. Die frisch geschlüpften Jungen werfen Eier und kleine Nestlinge des Wirtsvogels aus dem Nest und werden allein groß gezogen.

J	F	M	A	M	J	J	A	S	O	N	D

Halsbandsittich *Psittacula krameri*

3er-Check

1. Schlank, langschwänzig, hellgrün
2. Männchen mit schwarz-rosa Halskragen
3. Krummer, roter Oberschnabel

Merkmale: Wirkt sehr lang gestreckt, im Flug fällt vor allem der lang nachhängende Schwanz auf. Im Laub der Bäume sind die Vögel oft nicht leicht zu entdecken.

Stimme: Sehr ruffreudig und häufig kreischend etwa wie »kriek kriek kriek«.

Vorkommen: Brutvogel in der Savannenzone Afrikas und im südlichen Asien. In Europa in mehreren Ländern eingeführt und frei brütend als Neubürger vor allem in städtischen Parks, in Mitteleuropa vor allem im Westen. Die frei brütenden Vögel sind entweder der Gefangenschaft entkommen oder wurden absichtlich frei gelassen.

Lebensweise: Die Nahrung besteht vor allem aus Früchten, Sämereien, Knospen, Blüten und grünen Pflanzenteilen. In Europa werden auch Körner von Futterstellen genommen. Die Eier werden in Baumhöhlen auf Holzmulm oder Holzspänen abgelegt, auch entsprechend große Nistkästen werden angenommen. Die Brutperiode in Europa ist noch nicht genau bekannt und hängt wahrscheinlich von den örtlichen Bedingungen ab.

J	F	M	A	M	J	J	A	S	O	N	D

Register

Bildnachweis

Danegger 21o, 47/2, 55/2, 56/2, 60/1, 64/1, 72/3, 78/2, 79/3, 80/3, 85/1, 87/3, 115/3, 121/2, 121/3, 122/1, 122/3, 127/1, 128/3, 137/1, 154/2, 163/1, 163/2, 163/3, 164/1, 164/2, 192/1, 194/1, 204/1, 205/1, 205/2, 206/1, 208/3, 210/1, 210/2, 213/1, 213/2, 217/2, 217/3, 220/1, 221/1, 221/3

Fünfstück 20ol, 88/2, 168/2, 197/2, 214/2

Giel 36/1, 36/3, 53/1, 55/3, 56/1, 58/2, 58/3, 70/2, 70/3, 87/1, 88/1, 94/2, 98/1, 104/1, 118/1, 118/3, 121/1, 124/3, 135/3, 137/2, 209/1, 209/3, 214/3, 216/3, 222/1

Hecker 33/1, 33/3, 34/3, 43/3, 48/1, 51/2, 66/1, 72/1, 78/3, 79/1, 86/2, 98/2, 108/1, 110/3, 112/3, 113/1, 114/2, 145/2, 145/3, 151/3, 158/1, 158/2, 161/1, 161/2, 161/3, 167/2, 183/2, 186/1, 186/2, 190/1, 190/2, 190/3, 194/2, 194/3, 202/1, 203/3, 204/2, 208/2, 212/1

Kirschberger 231/1

Limbrunner 33/2, 39/1, 39/3, 43/1, 43/2, 50/3, 54/3, 57/2, 69/1, 73/3, 75/1, 75/2, 76/2, 77/1, 81/1, 82/1, 82/2, 82/3, 85/3, 89/1, 89/2, 89/3, 95/2, 102/1, 104/3, 115/1, 122/2, 126/3, 130/2, 138/2, 139/1, 139/2, 143/1, 143/2, 150/1, 158/3, 159/1, 160/1, 166/2, 168/1, 184/2, 184/3, 199/1, 199/2, 215/1, 215/2, 219/1, 224/1, 224/3

Nill 78/1, 80/1

Pforr 2/3, 4, 11, 14, 34/2, 41/1, 41/3, 41/2, 44/3, 55/1, 59/1, 71/3, 74/2, 74/3, 84/3, 95/1, 100/1, 101/1, 101/3, 103/1, 127/3, 144/1, 144/2, 147/2, 154/1, 154/3, 162/3, 167/1, 167/3, 182/1, 182/2, 187/1, 187/2, 188/1, 188/2, 188/3, 191/1, 191/3, 191/2, 193/1, 193/2, 199/3, 200/3, 211/3, 218/2, 223/2, 223/3, 228/1, 228/2, 228/3

Pott 20or, 20mr, 40/3, 42/1, 42/2, 42/3, 45/2, 49/1, 50/1, 50/2, 51/1, 51/3, 52/2, 53/2, 54/1, 54/2, 57/1, 57/3, 58/1, 61/1, 61/2, 62/1, 63/1, 63/3, 64/2, 65/2, 65/3, 66/2, 68/1, 68/2, 69/2, 70/1, 81/2, 83/3, 91/2, 90/2, 93/3, 98/3, 100/3, 114/3, 115/2, 116/1, 116/3, 119/3, 120/2, 123/1, 125/1, 125/2, 126/1, 128/2, 169/1, 206/2, 207/1, 210/3

Quedens 62/3, 67/3, 77/2, 94/1, 105/3, 106/3, 108/2, 110/2, 111/3

Schmidt 76/1, 84/1, 179/1

Synatzschke 47/1, 69/3, 71/1, 71/2, 73/1, 73/2, 80/2, 90/3, 92/1, 92/2, 102/2, 102/3, 103/2, 104/2, 127/2, 129/2, 130/1, 136/1, 197/3, 219/3, 227/2, 227/3

Thielscher 21l, 36/2, 40/1, 44/2, 49/2, 59/2, 60/2, 60/3, 61/3, 65/1, 72/2, 74/1, 90/1, 114/1, 119/1, 119/2, 126/2, 131/3, 132/2, 133/3, 134/3, 142/3, 148/2, 152/3, 160/2, 169/3, 173/1, 173/2, 173/3, 185/1, 185/3, 192/2, 192/3, 197/1, 211/2, 222/3, 225/2 227/1

Trötschel 21r, 46/2, 46/3, 66/3, 103/3, 111/1, 117/1, 117/2, 129/3, 141/1, 141/2, 141/3, 165/1, 165/2, 166/1, 174/2, 175/3, 176/1, 180/2, 225/1, 231/2, 231/3

Wernicke 32/3, 37/1, 37/3, 38/1, 38/2, 38/3, 64/3, 67/1, 67/2, 85/2, 93/1, 97/1, 97/2, 99/2, 105/1, 106/1, 106/2, 108/3, 109/1, 109/3, 110/1, 111/2, 112/2, 116/2, 120/1

Willner 35/1, 63/2, 84/2, 91/1, 123/2, 130/3, 140/2, 149/2, 170/1, 170/2, 202/2, 202/3, 209/2, 212/2, 220/2, 225/3

Wothe 37/2, 39/2, 40/2, 45/3, 52/1, 62/2, 68/3, 75/3, 79/2, 81/3, 95/3, 100/2, 107/3, 109/2, 113/2, 113/3, 136/3, 140/1, 142/2, 144/3, 145/1, 156/1, 156/3, 162/1, 162/2, 172/1, 172/2, 180/1, 183/1, 189/1, 189/2, 189/3, 196/1, 196/2, 206/3, 208/1, 214/1, 230/2, 232/1, 232/2, 232/3

Zeininger 20ml, 32/1, 32/2, 34/1, 35/2, 35/3, 44/1, 45/1, 46/1, 48/2, 56/3, 83/1, 83/2, 86/1, 87/2, 91/3, 93/2, 96/1, 96/2, 96/3, 97/3, 99/1, 99/3, 101/2, 105/2, 107/1, 107/2, 112/1, 117/3, 118/2, 124/1, 124/2, 125/3, 129/1, 131/1, 131/2, 132/1, 132/3, 133/1, 133/2, 134/1, 134/2, 135/1, 135/2, 136/2, 138/1, 138/3, 139/3, 104/3, 142/1, 146/1, 146/2,

146/3, 147/1, 148/1, 148/3, 149/1, 149/3, 150/2, 150/3, 151/1, 151/2, 152/1, 152/2, 153/1, 153/2, 153/3, 155/1, 155/2, 155/3, 156/2, 157/1, 157/2, 159/2, 159/3, 160/3, 165/3, 166/3, 169/2, 170/3, 171/1, 171/2, 171/3, 172/3, 174/1, 174/3, 175/1, 175/2, 176/2, 177/1, 177/2, 177/3, 178/1, 178/2, 178/3, 179/2, 179/3, 181/1, 181/2, 184/1, 185/2, 193/3, 195/1, 195/2, 195/3, 196/3, 198/1, 198/2, 198/3, 200/1, 200/2, 201/1, 202/2, 203/1, 203/2, 207/2, 207/3, 211/1, 212/3, 213/3, 215/3, 216/1, 216/2, 217/1, 218/1, 218/3, 219/2, 220/3, 221/2, 222/2, 223/1, 224/2, 226/1, 226/2, 226/3, 229/1, 229/2, 230/1
Zeininger/Wendl 128/1

Grafik S. 29: Franz Lechner
Farbzeichnungen S. 120/3, 205/3: Marlene Gemke

Bibliografische Information Der Deutschen Bibliothek

Die Deutsche Bibliothek verzeichnet diese Publikation in der Deutschen Nationalbibliografie; detaillierte bi-bliografische Daten sind im Internet über http://dnb.ddb.de abrufbar.

Zweite Auflage

BLV Buchverlag
GmbH & Co KG. München
80797 München

Umschlaggestaltung:
Anja Masuch

Umschlagfotos vorne: Giel (oben und unten), Willner (Mitte); hinten: Danegger (oben und unten), Danegger (Mitte)

Layoutkonzept Innenteil:
Parzhuber + Partner, München

Lektorat: Dr. Friedrich Kögel
Herstellung: Hermann Maxant

Gedruckt auf chlorfrei gebleichtem Papier

Printed in Germany ·
ISBN 978-3-8354-0527-1

Eine kleine Auswahl aus unserem großen Programm

Håkan Delin/Lars Svensson
Der große BLV Vogelführer für unterwegs
Über 500 Vogelarten in detailgenauen Farbzeichnungen mit allen für die Bestimmung wichtigen Merkmalen; Verbreitungskarten, Hinweise zu Vogelbeobachtung und Artbestimmung.
ISBN 978-3-8354-0285-0

Der BLV Naturführer für unterwegs
Pflanzen und Tiere der heimischen Lebensräume Wälder, Wiesen und Felder, Feuchtgebiete, Küste und Alpen. Mit Sonderteilen: Früchte der Bäume und Sträucher, Raupen, Vogeleier, Tierspuren.
ISBN 978-3-8354-0347-5

Der Tier- und Pflanzenführer für unterwegs
Das kompakte Bestimmungsbuch mit 900 Tier- und Pflanzenarten und 1350 Farbfotos – ideal für unterwegs; mit bis zu 5 Fotos pro Art und Sonderteilen, die das Bestimmen zusätzlich erleichtern.
ISBN 978-3-8354-0019-1

Thomas Schauer/Claus Caspari
Der BLV Pflanzenführer für unterwegs
Das vollständigste populäre Pflanzen-Bestimmungsbuch nach Blütenfarben: über 1150 Blütenpflanzen Mitteleuropas mit 1600 detailgenauen Farbzeichnungen.
ISBN 978-3-8354-0354-3

BLV Bücher bieten mehr:

- mehr Wissen
- mehr Erfahrung
- mehr Innovation
- mehr Praxisnutzen
- mehr Qualität

Denn 60 Jahre Ratgeberkompetenz sind nicht zu schlagen!

Unser Buchprogramm umfasst über 750 Titel zu den Themen **Garten · Natur · Heimtiere · Jagd · Angeln · Sport · Golf · Reiten · Alpinismus · Fitness · Gesundheit · Kochen.** Ausführliche Informationen erhalten Sie unter **www.blv.de**

BLV Buchverlag GmbH & Co. KG
Lothstraße 19 · 80797 München
Postfach 40 02 20 · 80702 München
Telefon 089/12 02 12-0 · Fax -121
E-mail: blv.verlag@blv.de

MEHR ERLESEN!